바다의 방랑자
플랑크톤

바다의 방랑자 플랑크톤

_마이크로 세계 속 떠살이생물 이야기

초판 1쇄 발행 2007년 12월 31일
초판 3쇄 발행 2016년 1월 3일

지은이 김웅서
펴낸이 이원중

펴낸곳 지성사 **출판등록일** 1993년 12월 9일 **등록번호** 제10-916호
주소 (03408) 서울시 은평구 진흥로1길 4(역촌동 42-13) 2층
전화 (02) 335-5494 **팩스** (02) 335-5496
홈페이지 지성사.한국 | www.jisungsa.co.kr **이메일** jisungsa@hanmail.net

ISBN 978-89-7889-169-1 (04400)
ISBN 978-89-7889-168-4 (세트)

잘못된 책은 바꾸어드립니다. 책값은 뒤표지에 있습니다.

이 도서의 국립중앙도서관 출판시도서목록(CIP)은 서지정보유통지원시스템
홈페이지(http://seoji.nl.go.kr)와 국가자료공동목록시스템(http:www.nl.go.kr/kolisnet)에서
이용하실 수 있습니다. (CIP제어번호:CIP2007004065)

바다의 방랑자 플랑크톤

마이크로 세계 속 떠살이생물 이야기

김웅서 지음

지성사

차례

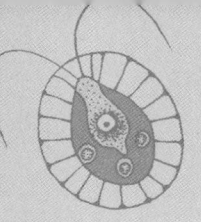

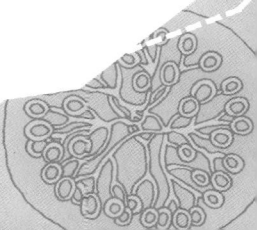

플랑크톤처럼 살면 좋겠다는 생각을 자주 한다. 플랑크톤은 방랑자다. 물이 흐르는 대로 몸을 맡기고 유유히 떠다닌다. 나도 바람에 구름 가듯, 파도를 벗 삼아 온 세상 바다를 떠다니는 나그네이고 싶다.

끝없이 펼쳐진 바다는 물 밖에서 보기에 생물이 살지 않는 사막 같다. 그렇지만 물속에 들어가면 온갖 생물이 살아가는 활기찬 곳이 바로 바다라는 사실을 깨닫게 된다.

바다 속에는 우리가 잘 아는 고래나 상어 같은 생물만 사는 것이 아니다. 아주 작은, 그래서 우리 눈에 잘 보이지 않는 생물들이 훨씬 더 많다. 바로 플랑크톤이다. '우글거린다'는 표현이 어울릴 만큼 바다는 그야말로 플랑크톤으로 넘쳐 난다. 그러나 아직 우리말 이름조차 갖지 못한 플랑크톤이 대부분이다.

지금부터 바다 속에 꼭꼭 숨어 있는 플랑크톤을 찾아내어 그들의 신기한 이야기 주머니를 풀어 보려고 한다. 자, 이제 함께 플랑크톤 채집망과 현미경을 가지고 바다의 마이크로 세계로 탐험을 떠나자.

이 책에서 만나는 신기한 플랑크톤 사진을 제공해 준 많은 분들의 이름을 책 말미에 밝히며 고마움을 전한다. 아울러 플랑크톤이 독자들에게 친근하게 다가갈 수 있도록 많은 노력을 기울여 준 지성사 식구들에게 감사를 전한다.

2007년 12월

김웅서

1부
도대체
플랑크톤이 뭐지?

바다 속에는 어떤 생물이 살까? 아마도 열 명 가운데 아홉은 고래나 상어라고 대답할 것이다. 고래와 상어는 숫자가 워낙 적어서, 실제로 바다에 나가 이들을 보기란 하늘의 별 따기만큼이나 어려운데 말이다. 그럼에도 불구하고 고래와 상어는 책이나 텔레비전, 또는 수족관에서 직접 볼 수 있으므로 우리에게 친숙하다.

그러나 바다 어디든 살지만 우리가 잘 모르는 생물도 있다. 이들은 너무 작아 현미경으로만 볼 수 있기 때문이다. 바닷물을 유리그릇에 하나 가득 떠 보자. 물이 담긴 둥근 유리그릇은 볼록렌즈 역할을 해서 작은 것도 크게 보이게 한다. 유리그릇을 들여다보면 뭔가 작은 점들이 톡톡 튀면서 움직일 것이다. (물론 유리그릇 속에는 눈에 보이지 않는 더 많은 생물이 물에 떠 있거나 꼬물꼬물 움직이고 있을 테지만.) 이 작은 점들은 도대체 무엇일까? 투명하게만 보이는 바닷물 속에서 신비한 마이크로micro의 세계가 펼쳐진다. 이 세계의 주인공이 다름 아닌 플랑크톤이다. 플랑크톤은 바다뿐 아니라 호수, 늪, 연못, 강 등 물이 있는 곳이면 어디에나 산다.

플랑크톤은 떠살이생물

생물은 여러 종류가 있으며 크게 동물, 식물, 미생물로 나눈다. 이 가운데 미생물은 다시 바이러스, 박테리아, 곰팡이, 원생생물(단세포생물)로 나눈다. 바다에 사는 생물도 동물, 식물, 미생물로 나눌 수 있지만 살아가는 모습에 따라 부유생물, 유영생물, 저서생물(저생생물)로 나누기도 한다. 부유생물은 헤엄치는 힘이 약하거나 없어서 물이 움직이는 대로 떠다니며 생활한다. 유영생물은 물고기처럼 헤엄치는 능력이 뛰어나 물살을 가르며 앞으로 나아갈 수 있다. 마지막으로 저서생물은 바닥에 붙어 살거나, 바닥에 굴을 파고 들어가 살거나, 또는 바닥을 기어 다니며

9

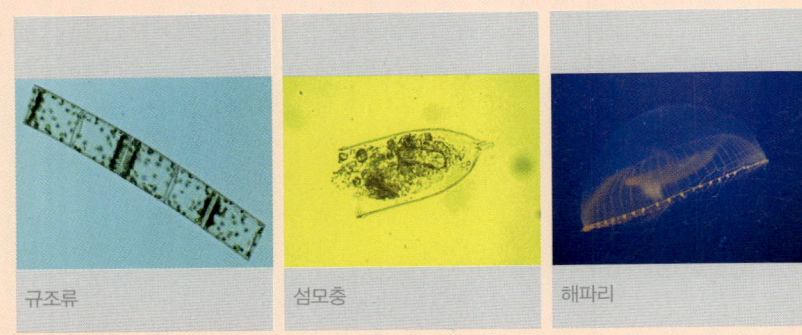

규조류   섬모충   해파리

△ 부유생물

청줄돔   해마   가자미

△ 유영생물

말미잘   불가사리   새우

△ 저서생물

산다. 유리그릇 속에 있던 작은 점들은 플랑크톤이라고 부르는 부유생물이다. 우리 귀에는 부유생물보다 플랑크톤이라는 말이 더 자연스럽다. 초등학교 교과서에서도 부유생물 대신 플랑크톤이라고 말한다. 예전에 중국 칭다오青島에서 열린 과학자 모임에서 북한 사람들은 플랑크톤을 '떠살이생물'이라고 부른다는 이야기를 들었다. 물에 '떠서 사는 생물'이라는 뜻이다. 한편 저서생물은 '바닥살이생물'이라고 한다. 생물이 살아가는 모습이 저절로 머리에 떠오르는 좋은 우리말이다.

플랑크톤이라는 말은 어디서 나왔을까?

'플랑크톤'은 그리스어의 '플랑크토스πλανκτος'에서 나왔다. 이는 '떠다니다, 표류하다', 또는 '목적 없이 헤매다, 방황하다'라는 뜻이다. 여기에서 알 수 있듯이 플랑크톤은 말 그대로 물에 떠다니는 방랑자를 일컫는다. 플랑크톤plankton이라는 말은 1887년 독일의 헨젠V. Hensen이 처음으로 만들었다. 그러니까 독일어의 '플랑크톤'이 원조인

셈이다. 영어와 독일어의 철자는 똑같지만 영어 발음은 '플랭크톤'이다. 한자로는 '부유생물浮遊生物'이라고 쓴다. 부浮는 '뜨다, 떠다니다, 가볍다'라는 뜻이고 유遊는 '놀다, 떠돌다, 여행하다'라는 뜻이다. 그러니 부유생물은 물에 떠서 돌아다니는 생물이라는 뜻이다. 일본에서는 서양 발음을 흉내 내서 '뿌랑쿠톤プランクトン'이라고 한다.

플랑크톤은 어떤 특정한 동물이나 식물을 말하는 것이 아니다. 플랑크톤이 되기는 아주 쉽다. 그저 물이 움직이는 대로 물에 떠서 살면 된다. 그래서 물에 떠서 살기만 하면 바이러스나 박테리아 같은 미생물도, 식물이나 동물도 모두 플랑크톤이 될 수 있다.

예전에는 식물플랑크톤과 동물플랑크톤을 흔히 식물성 플랑크톤, 동물성 플랑크톤이라고 불렀고 지금도 책·신문·방송 등에서 이렇게 말하는 경우가 있다. 하지만 플랑크톤을 연구하는 과학자들은 식물플랑크톤, 동물플랑크톤이라고 하니 앞으로는 모두 바르게 부르자.

플랑크톤은 얼마나 작을까?

내가 어렸을 때는 여름방학 숙제로 곤충채집이 빠지지 않았다. 서울에 살았지만 1960년대만 해도 웬만한 동네 주변에는 산과 들, 논밭이 널려 있어 곤충이 흔했다. 장난감이 별로 없던 그 시절, 곤충은 아이들의 좋은 놀이 대상이었다. 특히 쏘일까 봐 잔뜩 긴장하며 벌을 잡을 때는 스릴 만점이었다. 호박꽃에 앉은 벌을 고무신으로 낚아채서는, 쏘일세라 정신없이 빙빙 돌리다가 땅바닥에 던지면 고무신 속에 기절한 벌이 들어 있었다. 어렸을 때 잠자리를 '짱아'라고 불렀던 기억이 난다. 당시에는 도둑이 많아서였는지 집집마다 시멘트 담에 깨진 유리병을 박아 놓고, 그것도 모자라 휴전선처럼 철조망까지 쳐 놓았다. 짱아는 철조망 가시를 좋아하는지 그곳에 앉아 날개를 쉬곤 했다. 그러면 살금살금 다가가 왕방울 같은 잠자리 눈 앞에서 손가락을 빙빙 돌려 혼을 빼 놓고, 그 틈에 다른 손으로 잠자리 날개를 덥석 잡았다. 그때는 잠자리채를 허공에 아무렇게나 휘둘러도 몇 마리씩 들어 있을 정도로 짱아가 많았다.

잠자리를 잡으려면 잠자리채 그물눈이 잠자리 크기보다 더 작아야 한다. 플랑크톤을 잡는 방법도 이와 마찬가지다. 물은 그물 사이로 빠져나가고 플랑크톤만 그물에 남아야 한다. 그러므로 그물눈이 촘촘할수록 더 작은 플랑크톤을 잡을 수 있다. 그물눈 크기에 따라 잡히는 플랑크톤의 종류가 다르다 보니, 자연스레 플랑크톤을 크기에 따라 나누게 되었다.

크기에 따른 플랑크톤 구분 방법은 연구하는 학자들마다 조금씩 다르지만, 일반적으로는 다음 표처럼 일곱 가지로 나눈다. 플랑크톤은 대부분 작기 때문에 미터(m)나 센티미터(cm), 밀리미터(mm) 대신 마이크로미터(μm)를 써서 크기를 나타낸다. 1마이크로미터는 1000분의 1밀

종류	크기	주요 생물군
극초미세 플랑크톤	0.02~0.2μm	바이러스
초미세 플랑크톤	0.2~2μm	박테리아, 미소 조류
미세 플랑크톤	2~20μm	곰팡이류, 작은 편모류와 규조류
소형 플랑크톤	20~200μm	대부분 식물플랑크톤, 유공충류, 섬모충류, 윤충류, 요각류의 유생
중형 플랑크톤	200μm~2mm	지각류, 요각류, 유형류
대형 플랑크톤	2~20mm	익족류, 요각류, 난바다곤쟁이류, 화살벌레류
거대 플랑크톤	20mm 이상	해파리류, 탈리아류

▲ 크기에 따른 플랑크톤의 분류

리미터로, 우리가 쓰는 자의 1밀리미터 눈금 길이를 천 개로 나눌 때 그 한 조각이다.

이처럼 플랑크톤은 바이러스같이 0.2마이크로미터보다 작은 것부터 고깔해파리같이 촉수 길이만 무려 10미터가 넘는 것까지 있다. 우리는 글씨가 작을 때 깨알만 하다고 표현한다. 참깨는 아무리 작아도 1밀리미터쯤 되니 0.1마이크로미터인 바이러스보다 길이가 만 배나 더 긴 셈이다. 식물플랑크톤은 크기가 수 마이크로미터에서 수백 마이크로미터까지이므로, 맨눈으로는 볼 수 없고 현미경을 사용해야 관찰할 수 있다. 수 미터가 넘는 대형 해파리도 있지만, 동물플랑크톤 또한 대부분 수십 마이크로미

▽ 초미세 플랑크톤을 확대한 모습.

△ 대형 해파리

터에서 수 밀리미터까지로 현미경으로 보아야 할 크기다.

플랑크톤은 작은 대신 아주 많다. 1리터(1,000cc) 병에 바닷물을 가득 채웠다고 하자. 그 속에 들어 있는 식물플랑크톤은 많게는 수천만 개, 동물플랑크톤은 수백 마리나 된다. 단지 우리 눈에 잘 보이지 않을 뿐이다. 누구나 바다에서 헤엄치다가 바닷물을 삼킨 경험이 있을 것이다. 그때 얼마나 많은 플랑크톤이 우리 배 속으로 들어갔을까?

플랑크톤은 어디에

전문가들은 자기가 연구하는 대상을 매우 자세하게 분류하는 습관이 있다. 그러다 보니 일반 사람들에게는 낯설게 들리는 전문 용어가 많아진다. 플랑크톤은 크기에 따라서도 나누지만 사는 곳이나 그곳의 수심, 부유 생활을 하는 기간, 무엇을 먹는가에 따라서도 나눈다. 이제부터 아주 많은 종류의 플랑크톤이 나오는데, 대부분 독자는 그 용어들이 낯설 것이다. 그래도 재미 삼아 한번 나열해 보자. 이 글을 읽다 보면 웬 플랑크톤 종류가 그리 많은지, 최소한 '플랑크톤'이라는 말은 저절로 외울 수 있으리라.

플랑크톤은 사는 곳에 따라 크게 바다에 사는 해양플랑크톤과 민물에 사는 담수플랑크톤으로 나눈다. 해양플랑크톤은 다시 대륙붕 밖의 먼 바다에 사는 외양플랑크톤, 대륙붕 위의 얕은 바다에 사는 연안플랑크톤, 하구처럼 강물과 바닷물이 만나는 곳에 사는 기수플랑크톤으로 더욱 자세히 분류할 수 있다. 민물에 사는 플랑크톤은 다시 호수에 사는 호수플랑크톤, 늪이나 연못에 사는 연못플랑크톤, 하천에 사는 하천플랑크톤, 우물에서 발견되는 우물플랑크톤 등으로 나눌 수 있다.

플랑크톤은 살고 있는 곳의 물 깊이에 따라 부표생물, 수표생물, 표층플랑크톤, 중층플랑크톤, 심층플랑크톤으로도 나눈다. 부표생물은 물 표면에 떠서 살고, 수표생물은 물 표면에서 수십 밀리미터 깊이에 산다. 표층플랑크톤은 200미터보다 얕은 수심에 살고, 중층플랑크톤은 수심 200~1,000미터에 산다. 그리고 심층플랑크톤은 수심 1,000미터보다 깊은 곳에 산다.

햇빛이 충분한 곳에 사는 플랑크톤은 양광성 플랑크톤, 햇빛이 약한 곳에 사는 플랑크톤은 음광성 플랑크톤이라고 한다.

△ 부표생물인 바다소금쟁이.

일생 동안 물에 떠서 사는 플랑크톤은 평생플랑크톤(또는 종생플랑크톤)이라 하고, 저서동물이나 유영동물의 알이나 유생(어린 시기의 동물)처럼 일생의 일부 동안만 물에 떠서 생활하는 것을 일시플랑크톤(또는 정기성플랑크톤)이라고 한다.

동물플랑크톤은 어떤 먹이를 먹는가에 따라 식물플랑크톤을 먹는 초식성 동물플랑크톤, 동식물을 모두 먹는 잡식성 동물플랑크톤, 동물을 먹는 육식성 동물플랑크톤으로 나누기도 한다.

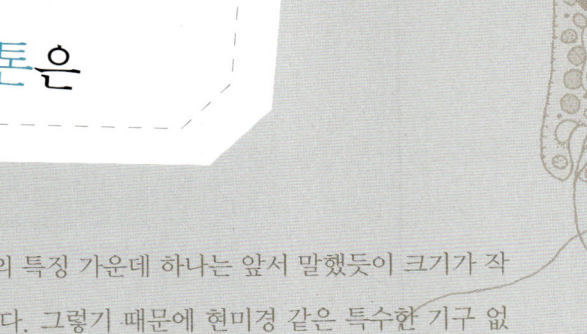

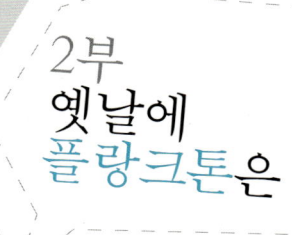

2부
옛날에
플랑크톤은

플랑크톤의 특징 가운데 하나는 앞서 말했듯이 크기가 작다는 것이다. 그렇기 때문에 현미경 같은 특수한 기구 없이는 보기가 힘들다.

현미경이 없었던 옛날에는 물 색깔이 변하거나 밤바다가 반짝이는 것을 보고 어렴풋하게나마 플랑크톤의 존재를 짐작했다. 먼 바다에서는 바닷물이 푸른색인데 육지로 오면서 녹색으로 변한다든지, 홍해 바닷물 색깔이 붉다든지, 밤바다를 항해할 때 뱃머리에 부서지는 바닷물에서 푸르스름한 빛이 난다든지 하는 것을 보며 물속에 뭔가 작은 생물이 있으리라 추측했다.

아마도 플랑크톤 때문에 일어난 현상에 관해 최초로 기록한 책은 성경일 것이다. 구약성서 「출애굽기」 7장 20~21절에 나일강 물이 온통 핏빛으로 변했다는 이야기가 나오는데, 이 현상은 식물플랑크톤으로 인한 적조였으리라. 이는 기원전 약 1504년에서 1450년까지 왕위에 있었던 이집트 투트모세 3세Thutmose III 때의 일로 추정된다.

그리스 항해가이자 지리학자이며 천문학자였던 피테아스Pytheas는 기원전 약 4세기에 영국과 유럽의 대서양 연안을 항해하고 그 과정을 기록으로 남겼다. 비록 피테아스가 남긴 『바다에 대하여』는 분실되었지만, 그리스 역사가 폴리비우스Polybius가 이 기록 일부를 후세에 전했다. 북대서양을 항해하던 피테아스는 바닷물이 끈적거리는 현상을 발견했는데, 이것은 해파리가 많거나 식물플랑크톤이 대량 번식해서 나타난 현상일 수도 있다.

조선 시대 초기에는

우리나라의 경우 『조선왕조실록』에 1403년(태종 3년) 진해만을 비롯한 남해안 일대에서 바닷물이 노란색·검은색·붉은색으로 변하고 물고기가 떼죽음을 당했으며, 1412년(태종 12년)과 1423년(세종 5년)에도 비슷한 현상이 나타났다는 기록이 있다. 또한 1428년(세종 10년)에는 마산 앞바다 바닷물이 붉게 변하고 물고기가 죽었다고 한다. 이런 현상은 지금의 적조와 비슷하다. 그러나 이는 과학적인 기록이 아니며, 당시 사람들은 플랑크톤의 존재에 대해서도 알지 못했다.

현미경 발명

중세 유럽의 암흑시대인 약 5세기부터 15세기까지는 (다른 과학 분야와 마찬가지로) 플랑크톤에 관한 연구 결과를 찾을 수 없다. 그러다가 16세기 말에서 17세기 초 사이에 현미경이 발명되었을 때, 비로소 물에 떠서 사는 아주 작은 생물이 있음을 알게 되었다. 1590년에서 1609년 사이에 네덜란드의 얀센Z. Jansen을 비롯한 몇 명이 현미경을 발명했다. 그 후 네덜란드의 레벤후크A. van Leeuwenhoek가 성능이 더 개선된 현미경을 만들어 원생동물, 박테리아, 민물에 사는 조류 등을 관찰했다. 그는 "바닷물을 관찰했더니 그 속에 작은 동물이 있었다."라는 기록을 남겼다. 레벤후크는 주로 민물에 사는 작은 생물을 관찰했는데, 물속에서 움직이는 엄청난 수의 미생물을 보기 위해 네덜란드 안팎에서 유명 인사들이 물밀듯이 모여들었다고 한다. 레벤후크는 평생 과학 논문 한 편 쓰지 못

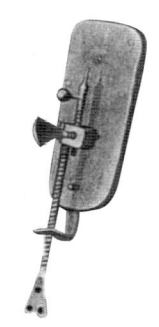

△위 레벤후크,
아래 레벤후크가
발명한 현미경.

했으며, 영어는 단 한마디도 못 했다. 그러나 그가 영국 런던 왕립학회에 보고한 50여 년에 걸친 미생물 관찰기록이 영어로 번역 출판되면서 널리 알려지게 되었다. 그가 지은 책의 제목은 『현미경으로 밝혀낸 자연의 비밀』(전 4권, 1695년)이다. 레벤후크의 현미경 관찰기록은 근세 미생물학의 기초가 되었고, 그 덕분에 우리는 시력 한계를 뛰어넘는 마이크로 세계를 경험할 수 있게 되었다.

18세기 말 플랑크톤 연구

동식물 플랑크톤을 분류학적으로 관찰한 기록은 18세기 말부터 나오기 시작했다. 노르웨이 중부에 위치한 항구도시 트론헤임Trondheim에 살던 주교 군네루스J. E. Gunnerus는 아한대에 사는 요각류 동물플랑크톤을 관찰하여 1770년에 모노쿨루스 핀마르키쿠스Monoculus finmarchicus라는 이름을 붙였다. 그의 기록을 간추리면 다음과 같다.

1767년 6월, 노르웨이 북부 항구도시 함메르페스트 Hammerfest에서 조금 남쪽에 있는 핀마르크Finnmark를 마지막으로 방문했을 때, 그곳에 살던 한 상인이 친절하게도 작은 동물을 살려서 내게 보내왔다. 이 동물은 물밖으로 꺼내면 형체를 알아볼 수 없지만, 물속에 살아 있을 때는 맨눈으로도 볼 수 있다. 몸은 새우처럼 길쭉하고 더듬이가 몸길이만큼이나 길다. 꼬리는 비교적 짧으나 자세히 보면 끝이 갈라져 있다.

군네루스는 확대경으로 이 플랑크톤을 관찰하여 지금

봐도 비교적 정밀한 그림을 그렸으며, 헤엄치는 모습도 상세하게 기록했다. 종種 이름인 핀마르키쿠스는 이 플랑크톤이 처음 발견된 핀마르크에서 따왔다고 한다.

1776년 뮐러O. F. Müller는 군네루스가 발견했던 모노쿨루스 핀마르키쿠스에 사이클롭스 론지코르니스Cyclops longicornis라고 다시 이름을 붙였다. 당시에는 정보 교환이 제대로 되지 않아 뮐러가 군네루스의 발견 기록을 모르지 못했던 것으로 생각된다. 1819년 리치W. E. Leach는 모노쿨루스 핀마르키쿠스를 칼라누스 핀마르키쿠스Calanus finmarchicus로 바꿨다. 그가 왜 칼라누스라는 이름을 사용했는지는 확실하지 않다. 일설에 의하면 그는 건강이 좋지 않아 매일 아침 '신의 은총이 함께하기를'이라는 인도 인사말 '칼란Kalan'을 중얼거렸다고 한다. 그래서 사람들은 그를 칼라노스Kalanos라고 불렀다. 머리에서 쭉 뻗어나온 더듬이를 가진 요각류의 모습이 그에게는 마치 금욕 생활을 하는 요가 수행자처럼 보였을지도 모른다. 이 칼라노스

△ 칼라누스 핀마르키쿠스

에서 칼라누스라는 이름이 생겨났다고 한다. 이 플랑크톤은 가장 오래 전에 발견되어서 지금까지 가장 많이 연구되었다.

1777년(1781년이라고 기록한 책도 있다.) 뮐러는 식물플랑크톤인 세라티움 트리포스*Ceratium tripos*를 관찰했다. 이종은 우리나라 서해, 남해, 동해에서도 발견된다.

슬래버M. Slabber는 1778년에 발간한 『자연의 즐거움과 현미경 관찰』이라는 책에 게의 유생을 그려 놓았다. 이것이 게의 유생을 그린 첫 번째 그림이었으나, 정작 당시에는 게의 어린 시기 모습인지 몰랐다.

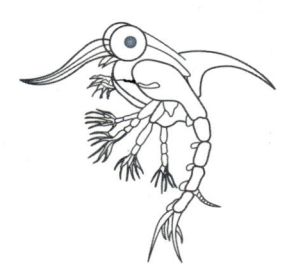

△ 슬래버가 그린 게 유생.

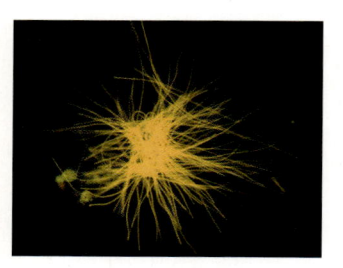

△ 트리코데스미움

영국의 항해가 쿡J. Cook 선장은 뉴질랜드가 남섬과 북섬으로 이루어진다는 사실을 발견했고, 오스트레일리아 동해안을 탐험했으며, 하와이제도를 발견하는 등 태평양의 지리적 발견에 큰 공헌을 했다. 그래서 지도를 놓고 태평양을 보면 유난히 쿡과 관련된 지명이

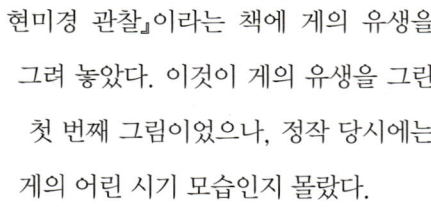

많다. 당시 쿡 선장과 함께 항해했던 선원들은 남조류(청록박테리아)의 일종인 트리코데스미움*Trichodesmium*을 '바다의 톱밥'이라고 알고 있었다. 트리코데스미움은 홍해 물을 붉어 보이게 하는 플랑크톤이다.

플랑크톤 채집망 발명

18세기 말만 해도 바닷물이나 민물을 그냥 떠서 현미경이나 확대경으로 관찰했기 때문에 플랑크톤을 볼 수 있는 확률이 아주 낮았다. 왜냐하면 현미경 시야에 들어오는 물의 양이 워낙 적어서 플랑크톤이 들어 있지 않는 경우가 많았기 때문이다. 그래서 많은 물을 걸러 플랑크톤을 모은 다음 관찰할 필요성을 느꼈다. 19세기에 들어오면서 플랑크톤을 채집할 수 있는 플랑크톤 채집망

△ 동물플랑크톤 채집망.

(그물)이 만들어졌고, 채집이 활발해지자 플랑크톤에 대한 많은 기록이 나오게 되었다.

유생 플랑크톤을 처음으로 정확하게 분류한 사람은 톰슨J. V. Thompson으로 알려져 있다. 그의 업적을 기리기 위해 1828년 발간한 책『조에아에 관하여』에는 톰슨이 명주 천(실크)으로 만든 자루 모양의 플랑크톤 채집망을 가지고, 처음으로 게와 따개비의 부유성 유생을 채집했다는 기록이 있다. 톰슨은 게의 조에아와 메갈로파 유생 변태를 관찰하여, 이들이 서로 다른 생물이 아니라 게의 생활사 가운데 어린 시기라는 사실을 밝혀냈다. 변태는 생물의 생활사 중에 몸의 형태나 구조, 기능이 변하는 탈바꿈을 말한다. 곤충이 알에서 애벌레와 번데기를 거쳐 성충이

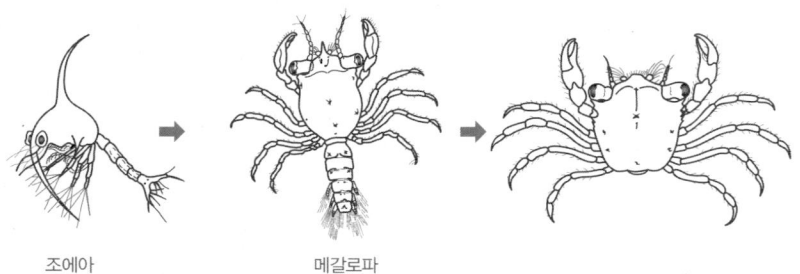

조에아   메갈로파

△ 톰슨이 그린 게의 생활사. 게의 알은 부화하면 조에아와 메갈로파라는 유생 시기를 거쳐 비로소 성체가 된다.

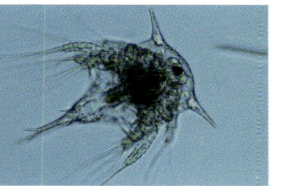

△ 왼쪽 따개비 성체, 오른쪽 따개비 유생

되거나, 올챙이에서 개구리로 변하는 것 등이 그 예이다. 바다에 사는 많은 무척추동물은 어린 시절의 모습이 다 자란 성체와 전혀 다르다. 톰슨은 따개비의 변태도 처음으로 관찰했는데, 따개비도 유생 시기를 거쳐 성체가 된다.

진화론으로 유명한 다윈C. R. Darwin은 비글호 항해 도중인 1833년 12월에 "나는 가끔 배 뒤에서 천으로 된 플랑크톤 채집망을 끌었는데, 희한하게 생긴 동물들이 많이 잡혔다."라는 기록을 남겼다. 이 희한하게 생긴 동물은 물론 동물플랑크톤이었을 것이다. 다윈은 브라질과 칠레 앞바다에서 바닷물이 붉게 변하는 적조를 목격하기도 했다. 적조는 그 후에도 여러 차례 발견되었다.

1844년 워커S. T. Walker는 플랑크톤 때문이라고 생각되는 물고기의 대량 죽음에 관한 기록을 남겼고, 1848년 외르스테드A. S. Oersted는 중앙아메리카 항해 중에 아주 작은 조류를 발견했다. 1855년 웹W. Webb은 적조를 일으키는 야광충에 관한 기록을 남겼고, 1858년 카터H. J. Carter는 폼페이 섬 연안에서 적조를 관찰했다.

뮐러J. P. Müller는 1845년(1846년이라고 기록한 책도 있다.) 가을, 독일 헬고란트Helgoland에서 플랑크톤을 활발히 연구하기 시작했다. 그는 아주 미세한 그물을 만들어 플랑크톤을 채집했는데, 이 원뿔형 플랑크톤 채집망은 그 후로도 널리 쓰였다. 뮐러는 1833년부터 독일 베를린 대학에서 생리학과 해부학 교수를 지냈고, 뮐러의 플랑크톤 연구는 그의 제자 헥켈E. H. Haeckel이 이어갔다.

19세기 말 플랑크톤 연구

머레이J. Murray는 1872에서 1876년에 걸친 챌린저호 탐사 때 무명이나 면으로 된, 지름 25~30센티미터인 자루를 끌어 플랑크톤을 채집했다. 또한 그는 항해 중 연구한 결과를 수록한 50권에 달하는 연구 보고서를 편집했다. 헥

켈은 머레이가 채집한 동물플랑크톤
을 10여 년에 걸쳐 관찰하여 무려
4,318종의 방산충(원생동물 플랑크톤
의 일종)을 이 보고서에 기록해 놓았
다. 챌린저호 탐사 때 밝혀진 중요한
발견 가운데 하나는 심해에도 플랑크

△ 챌린저호

톤이 산다는 사실이다(그때까지만 해도 심해에는 생물이 살
지 않는다는 생각이 지배적이었다.). 그렇지만 심해에서 끌
어올린 채집망이 표층을 지날 때 플랑크톤이 잡혔을지 모
른다는 반론도 나왔다. 이러한 문제점은 원하는 곳에서만
플랑크톤을 잡도록 입구를 여닫을 수 있는 플랑크톤 채집
망이 발명되면서 해결되었다.

킬 학파라고 불렸던 독일 생물학자 헨젠과 그의 제자
들은 플랑크톤의 생물량을 처음으로 연구했다. 이때 비로
소 동물플랑크톤은 식물플랑크톤을 먹고, 동물플랑크톤
자신은 어류의 먹이가 된다는 사실이 알려졌다. 헨젠은
플랑크톤 개체군 크기를 알면 어류 개체군 크기를 알 수
있다고 주장했다. 이에 독일 정부는 헨젠에게 플랑크톤

조사를 위한 연구비를 지원해 주었고, 1899년에 수행된 조사를 통해 플랑크톤에 관한 많은 사실들이 밝혀지게 되었다. 그가 만든 플랑크톤 채집망과 플랑크톤 개체수를 셀 수 있는 기구는 지금도 사용된다. 그렇지만 헥켈은 헨젠의 연구 결과에 대해 비판적인 입장을 취했다. 헥켈과 헨젠은 플랑크톤 연구에 대한 열띤 공방전을 벌였는데, 이러한 분위기가 오히려 플랑크톤 연구를 발전시켰다.

헨젠은 1887년에 '플랑크톤'이라는 말을 만들어 현재 사용하는 세스톤seston의 의미로 정의했다. 세스톤이란 물에 떠 있는 모든 고체 입자를 뜻한다. 즉, 물에 떠서 사는 플랑크톤뿐만 아니라, 물에 떠 있는 죽은 플랑크톤과 무생물 입자까지 모두 포함하는 아주 넓은 의미이다.

이처럼 처음 플랑크톤이라는 말을 만들었을 때는 물에 떠 있는 생물과 무생물을 모두 포함했다. 그러나 3년 뒤인 1890년 헥켈은 플랑크톤을 '물에 떠서 사는 생물'이라는 좁은 의미로 정의했다. 헥켈은 특히 바다에 사는 무척추동물 연구에 큰 업적을 남겼다. 그는 챌린저호 탐사뿐만 아니라 1882년에서 1885년 사이에 베토르 피사니호를 타고 해양조사를 다녔으며 항해 관찰기록인 『플랑크톤 연구』를 남겼다. 생물을 생활 형태에 따라 부유생물, 유영생물, 저서생물로 나눈 것도 바로 헥켈이다.

　19세기 말에는 영국과 이탈리아 외에도 미국, 독일, 오스트리아 등 여러 나라에서 해양조사를 하여 플랑크톤에 관한 정보가 쌓이게 되었다. 이때부터 다양한 종류의 동물플랑크톤이 분류학적으로 밝혀지기 시작했다.

20세기 초 우리나라 책에는

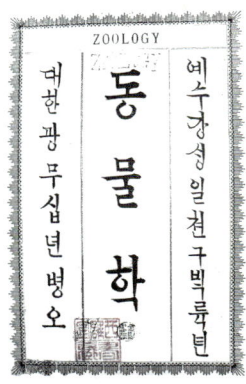

△ 대한제국 광무 10년인 1906년에 발간된 『동물학』.

　우리나라에서 발간된 옛날 책에도 플랑크톤에 관한 이야기가 있을까? 우연한 기회에 한국해양연구원 김완수 박사에게서 1906년에 나온 『동물학』 책을 얻었다. 이 책에는 옛 한글로 척추동물부터 무척추동물에 이르기까지 재미있는 설명이 들어 있다. 이 가운데 플랑크톤에 관한 것만

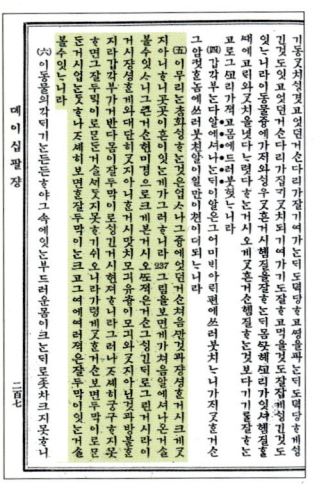

△「동물학」 207쪽 원문.

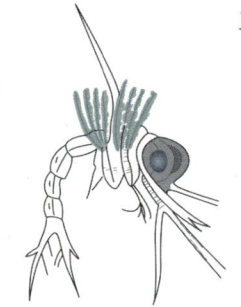

△「동물학」 책에 그려진
게 유생(조에아)의 모습.

소개하겠다. 그런데 207쪽에 있는 게에 대한 설명을 원문 그대로 옮기려 하니, 우리 글은 우리 글인데 읽기가 쉽지 않다. 이제 중요한 부분을 되도록 원문에 가깝게 옮겨 보겠다.

"…… 게는 처음 (알에서) 깨어난 것과 성장한 것이 크게 같지 아니하니 곳곳에 흔히 있는 게가 그러하느니라. 그림을 보면 게가 처음 알에서 나온 것을 볼 수 있으니 큰 것은 현미경으로 크게 본 것이오, 또 작은 것은 그 생긴 대로 그린 것이라. 이것이 자란 게와 대단히 같지 않은 것은 마치 모기 유충이 모기와 같지 않은 것과 마찬가지라……" 이는 게가 알에서 깨어나 조에아 유생 시기를 거친다는 사실을 알려 준다.

211쪽에는 윤충류에 대한 설명이 나온다. "…… 윤충류는 아주 작은 동물에 들어

간 것이라 대단히 작은데, 한 치의 오백분지 일(1/500)간
하니 그 모양은 기묘하나 현미경 없이는 보지 못하느니
라. 이것은 모든 물에 있는데, 그에 있는 연모(연한 털)로
머리털 같은 것이 한 층이나 두 층이 나기도 하고 또 이
머리털 같은 것이 항상 수레바퀴같이 돌아가는 것처럼 보
여 윤충류라 하느니라."

215쪽에는 연체동물에 속하는 플랑크톤인 익족류에
대한 설명이 나온다. "둘째는 익족류이니, 이는 그 몸에서
나와 늘어진 날개처럼 된 것 두 개가 있어 그것을 지느러
미같이 써서 헤엄을 잘하는 것이오." 216쪽에는 익족류에
대한 더 자세한 설명이 이어진다. "⋯⋯ 익족류는 혹은 집
이 있고 혹은 집이 없는데, 이 중에 클리오 보리알리스*Clio
borealis*라 하는 것이 있으니 남북빙양 해변에 많으니라. 이
것은 고래의 먹는 물건이 되는데, 체중은 적으나 수가 너
무 많은 고로 고래가 한 번 입을 벌렸다가 닫을 때마다 여
러 천 놈을 삼키느니라. 이것은 눈이 심히 작으나 생긴 모
양은 온전하며, 또 집게도 힘이 많고 이가 있느니라."

한편 218쪽에는 연체동물에 속하는 또 다른 플랑크톤
인 클라우쿠스*Claucus*에 대한 설명도 있다. "⋯⋯ 그릇을

보니 이 중에 클라우쿠스라 하는 것이 지중해와 인도양에 있는데, 그 빛은 푸른빛과 은빛 같아 매우 아름다우니라. 그 귀살미(지느러미같이 생긴 아가미)는 좌우편에 두어 포기로 났으니 이는 호흡을 하는 기관일 뿐만 아니오, 헤엄질까지 하는 기관이니라."

226쪽에는 자포동물에 속하는 플랑크톤 이야기가 나온다. "해파리는 쏘는 살이 있으니 '쏠수익' 이라고도 하느니라. 몸이 제일 부드럽고 몸에 물이 많으니, 바다에서 건져 낼 때는 체중이 여러 근이 되나 말린 후에는 한 근도 부족하느니라. 이 해파리에 들어가는 것이 많으니, 혹은 몸이 작은 못대가리만도 못하고 혹은 큰 것도 있느니라. 이 중에 사람마다 흔히 보는 것은 메두사이니, 잔잔하고 밝은 날에 큰 무리를 지어서 바닷가에 떠 있는 것을 볼 수 있느니라. 모양은 우산같이 생기고 그 몸 가장자리로는 실 같은 것이 많이 늘어지고, 그 우산 같은 몸이 흔들흔들하며 운신하느니라. 몸 한가운데에 입이 있고 입가에 풀잎사귀 같은 것 넷이 늘어져 있으니, 그것으로 닿는 것을 느끼기도 하고 먹을 것을 잡기도 하느니라. 또한 독히 쏘는 기관이 있으니 이는 전갈과 다른 독한 물 있는 동물과 같고, 이것으로 능히 잡아먹을 것을 쏘아 죽이느니라. 메두사 중에 큰 것은 넓이 직경이 삼사 자, 체중이 육십 근쯤 되느니라. 이 메두사의 몸은 거반 다 물로 만들어졌으나, 먹는 것은 건더기 있는 것을 먹으니 이는 조그마한 갑각류와 연체동물과 물고기니라."

또한 227쪽에는 빗해파리에 대한 설명이 이어진다. "베로이는 해파리 중에 한 가지니 흔히 여름에 바닷가에 있느니라. 그 몸은 참외 모양과 비슷한데 길이는 한 치쯤 되고 유리와 같이 맑느니라. 줄기 여덟이 있는데 이 줄기를 자세히 보면 수없는 납작한 것 여러 조각이 차례로 이어 되었으니, 물에 다닐 때 그것을 다 일으켜 세워서 헤엄질하여 나가다가 돌아설 때는 한편치는 가만히 두고 한편치만 놀리며 돌아서는 것이오. 몸에 있는 연모는 햇빛을 받으면 여러 가지 빛이 영롱하게 나고 어두운 데라도 새파란 불빛으로 환하게 비치느니라. 해파리는 운신하는 기관이 아주 가늘고 기기묘묘하게 생겼거니와 그 낚시질하는 기관도 아주 공교하게 생겼으니……, 가는 줄 둘이 있는데 이 줄을 길게 펼치면 오륙 치가 되나 제 마음대로 다 그 몸속으로 들여보낼 수도 있느니라. 또 이 줄에 작은 줄이 자주 매달렸는데 큰 줄이 들어갈 때는 이 작은 줄이 다 사라지는 것이오. 또 이것으로 먹을 것을 잡아먹는데, 잡는 법은 마치 게 낚시질하는 사람이 강에 긴 줄을 건너 매고 그 줄에 또 조그마한 줄을 자주 매고 그 끝에 수수 이삭을 달아서 게를 잡는 것과 같이 하느니라."

약 100년 전 책이지만 동물플랑크톤에 대해 비교적 정확하게 기록했다. 비록 표현이 좀 어색하지만……

우리나라의 플랑크톤 연구

우리나라에서는 일제강점기였던 1920년대에 일본인에 의해 플랑크톤 연구가 시작되었다. 그러다가 1945년 해방, 1948년 독립 정부 수립, 1950년 한국전쟁의 격동기를 거치고 1950년대 후반에 들어서서야 비로소 우리나라 학자가 연구를 시작했다. 부산수산대학교(현재 부경대학교) 박태수 박사는 1956년, 우리나라 남해안에서 식물플랑크톤인 돌말류가 봄과 가을에 늘어난다는 논문을 발표했다. 1960년대에는 서울대학교 정영호 교수와 엄규백 교수가 각각 한강 하류와 대한해협에서 식물플랑크톤을 조사하는 등 플랑크톤에 대한 연구가 간헐적으로 있었으며, 수산진흥원(현재 국립수산과학원)에서도 플랑크톤을 연구했다. 그리고 1970년대 들어와 서울대학교 심재형 교수와 한양대학교 유광일 교수가 체계적인 연구를 시작했다. 그 결과 1990년대에는 해양식물플랑크톤과 해양동물플랑크톤 도감이 각각 출간되었다. 한편 강원대학교 조규송 교수는 민물에 사는 동물플랑크톤 도감을 발간했다. 당시 플랑크톤 공부를 시작한 학생들이 지금은 중견학자가 되어 활발하게 연구하고 있으나, 다른 나라에 비하면 아직 연구자 수가 적은 편이다.

▽ 왼쪽부터 해양식물플랑크톤과 해양동물플랑크톤을 담은 『한국동식물도감』, 『한국담수동물플랑크톤도감』.

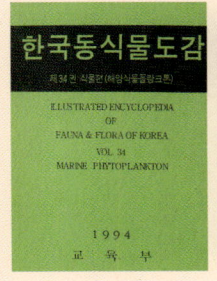

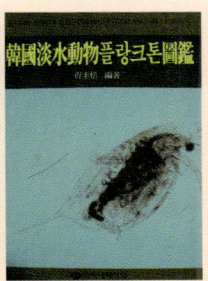

3부
아니, 이렇게
작은 식물이

땅에서 사는 가장 큰 식물은 무엇일까? 세쿼이아 *Sequoia*는 무려 100미터 가까이 자라는 나무로, 미국삼나무라고도 한다. 나무 둘레도 보통 10미터가 넘어, 줄기 가운데에 터널을 뚫으면 자동차가 지나다닐 수 있을 정도이다. 세쿼이아 화석은 세계 여러 곳에서 발견되지만, 현재는 미국 캘리포니아에서만 자란다. 미국 정부는 1890년 이 나무를 보호하기 위해 세쿼이아가 자라는 곳을 세쿼이아국립공원으로 지정했다.

그러면 바다에 사는 식물 가운데 가장 큰 것은 무엇일까? 미국 태평양 연안에 사는 다시마의 일종인 마크로시스티스 *Macrocystis*는 길이가 보통 20~30미터나 되고, 60미터가 넘게 자라기도 한다. 자라는 속도도 빨라서 하루에 50센티미터 정도 자라므로, 한 시간만 끈기 있게 지켜보면 자라는 모습을 볼 수 있다.

△ 캘리포니아 해변에 밀려온 마크로시스티스.

육지에는 키 큰 나무가 울창한 숲이 있고, 키 작은 풀로 뒤덮인 초원도 있다. 그렇지만 사막처럼 보이는 바다는 육지보다 더 광대한 초원이다. 바다에는 우리 눈에 보이지 않는 아주 작은 식물플랑크톤이 수없이 떠 있기 때문이다.

식물플랑크톤의 종류

식물플랑크톤 가운데 가장 흔한 것이 돌말이라고 불리는 규조류로, 바다뿐 아니라 강이나 호수에도 산다. 규조류는 단세포식물이며, 규소로 된 단단한 껍데기를 가진다. 껍데기는 위아래 두 개로, 마치 뚜껑 있는 상자처럼 서로

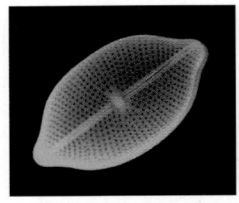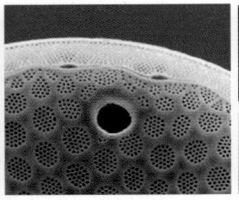

△ 왼쪽부터 규조류, 규조류 껍데기의 바깥쪽과 안쪽 모습(전자현미경 사진).

잘 포개진다. 규조류는 죽은 후 바닥에 가라앉아 쌓여서 도자기 원료인 규조토가 되므로, 도공의 예술혼이 담긴 도자기로 다시 태어난다. 더욱 놀랍고 신기한 사실은 규조류 껍데기 자체가 예술품이라는 것이다. 전자현미경으로 본 규조류 껍데기는 어느 조각가도 만들지 못할 황홀한 조각품이다. 불과 수백분의 1밀리미터밖에 안 되는 아주 작은 곳에 온갖 정교한 무늬를 조각해 놓은 자연의 신비가 그저 놀라울 따름이다. 규조토는 도자기 외에 여과기의 여과 장치, 연마제나 내화벽돌의 원료, 다이너마이트 흡착제를 만들 때도 쓰인다.

와편모조류 역시 중요한 식물플랑크톤이다. 이 종류는 편모라고 불리는 털을 두 개 가지며, 이를 이용하여 미약하나마 움직일 수 있다. 와편모조류도 규조류와 마찬가지로 단세포식물이지만 동물처럼 다른 생물을 먹는

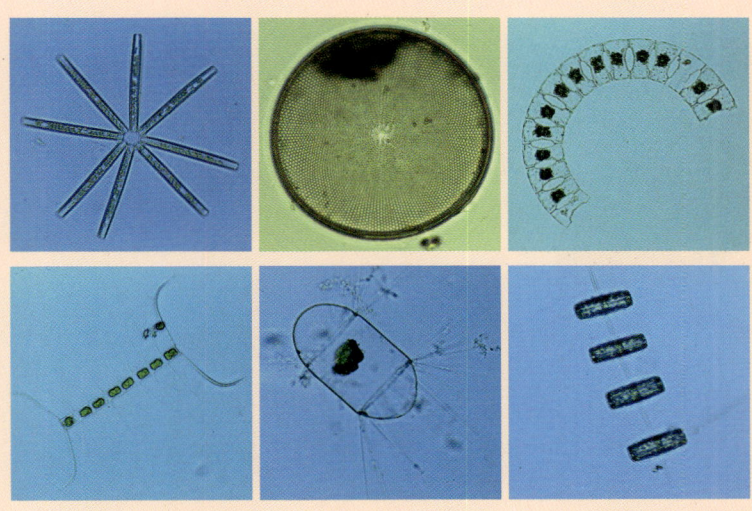

△ 여러 가지 규조류.

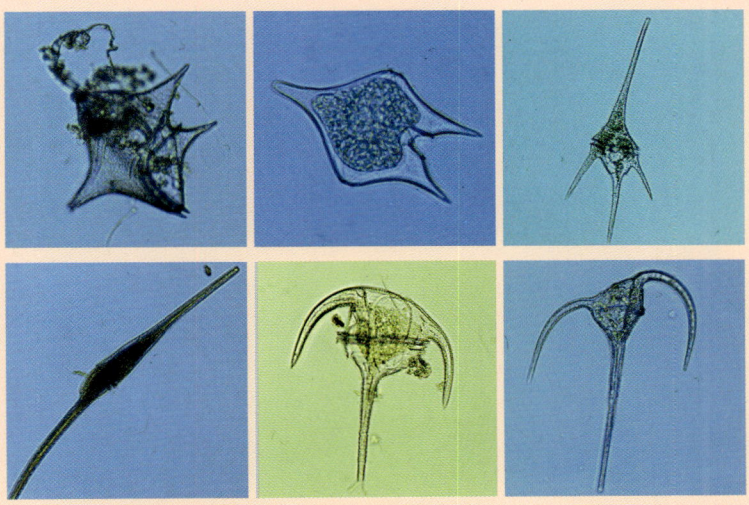

△ 여러 가지 와편모조류.

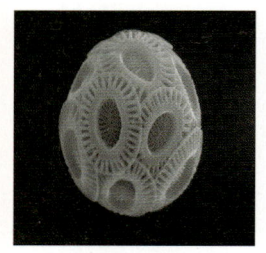
△ 석회비늘편모류

것도 있다. 일반적으로 규조류는 수온이 낮을 때 많이 나타나지만, 와편모조류는 수온이 높을 때 더 많다. 와편모조류는 수온이 높거나 영양염류가 많으면 대량 번식하여 적조를 일으키기도 한다.

우리나라에서 조사된 해양식물플랑크톤은 규조류가 760여 종, 와편모조류가 190여 종으로 총 950종 이상이다. 이 외의 식물플랑크톤으로는 남조류, 녹조류, 석회비늘편모류 등이 있다.

식물플랑크톤의 역할

지구 표면적의 약 70퍼센트는 바다가 차지하고 30퍼센트 정도인 육지에도 강이나 호수가 많으므로, 물속에 사는 식물인 조류藻類가 육상 식물보다 훨씬 더 넓게 퍼져 있는 것은 당연하다. 식물플랑크톤은 육상 식물과 같은 역할을 한다. 광합성을 하여 스스로 유기물을 만들며, 자신은 초식동물의 먹이가 되는 것이다. 즉, 육상 식물이 광합성 작용으로 유기물을 만들어 육상 생태계를 유지시키듯이 식물플랑크톤은 물속에서 수중 생태계를 지켜 준다.

식물플랑크톤은 왜 크기가 작을까?

식물플랑크톤이 땅에 사는 식물과 다른 점은 육상 식물에 비해 크기가 아주 작다는 것이다. 왜 그럴까? 식물에게는 빛이 생명줄이다. 식물은 빛이 있어야 물과 이산화탄소를 이용해 유기물을 만들 수 있다. 그런데 바다에서는 수심이 깊어질수록 들어오는 햇빛이 줄어들어, 심해로 가면 결국 암흑세계가 된다. 자연히 식물플랑크톤은 광합성을 하기에 충분한 빛이 있는 해수면 가까이에 살게 된다. 육상 식물이 조금이라도 빛을 더 받기 위해 경쟁하듯이 식물플랑크톤 역시 살아남기 위해 빛이 잘 드는 층에 머물러 있어야 한다. 여기에 해답이 숨어 있다. 작아질수록 몸 부피에 비해 표면적이 늘어나므로 물과 접촉하는 면적이 넓어진다. 그리고 이 경우 물에 대한 저항이 커지므로 그만큼 가라앉는 속도가 느려진다. 따라서 작을수록 빛이 충분한 표층에 오래 머물 수 있다. 다시 말해 식물플랑크톤은 빛이 없는 물속 깊이 가라앉으면 살 수 없으므로, 물에 떠 있도록 진화하는 과정에서 크기가 작아졌다.

크기가 작으면, 즉 부피에 비해 표면적이 넓으면 유리한 점이 또 있는데, 영양분을 효율적으로 흡수할 수 있다는 것이다. 이렇게 표면적을 넓히는 예는 육상 식물의 뿌리털, 동물 창자의 융털돌기, 물고기의 아가미에서도 볼 수 있다. 이 원리는 자동차의 방열기처럼 우리 실생활에서도 많이 응용된다.

식물플랑크톤도 계절을 탄다

봄이 되면 새싹이 돋아나고, 여름에는 잎이 무성해진다. 가을이 되면 낙엽이 떨어지고 겨울에는 앙상한 가지만 남는다. 이것이 사계절 변화가 뚜렷한 온대 지방에 사는 육상 식물의 모습이다. 그러면 온대 지방 바다에 사는 식물은 어떨까? 다시마나 미역 같은 대형 해조류는 육상 식물과 정반대로 오히려 겨울에 무성하게 자라고, 여름

이 되어 수온이 올라가면 녹아
버린다.

식물플랑크톤 역시 계절 변
화를 보인다. 봄이 되어 햇빛
양이 늘어나고 수온이 올라가
면 규조류가 번성한다. 이때는
영양염류도 풍부해서 규조류가
자라기에는 더없이 좋은 환경
이다. 그러나 여름이 되면 햇빛
과 수온 등은 좋은 조건이지만,
수온약층이 뚜렷하게 형성되는
바람에 영양염류가 줄어 규조

△ 대형 해조류

류가 줄어든다. 대신 영양염류가 부족할 때도 잘 자라는
와편모조류가 번성한다. 보통 가을에는 봄보다는 적지만
규조류가 다시 번성하고, 겨울에는 적은 햇빛 양과 낮은
수온 등으로 광합성이 활발하지 못해 식물플랑크톤이 줄
어든다.

수온약층

수온약층이란 수심이 깊어지면서 수온이 급격하게 낮아지는 곳을 말한다. 수온약층이 생기는 이유는 뜨거운 햇볕으로 표층 수온이 높아지기 때문이다. 그러면 수온약층 아래쪽과 표층 사이의 수온 차이가 커진다. 같은 부피일 때, 수온이 높은 물은 수온이 낮은 물보다 더 가볍다. 그러므로 수온약층은 수온이 높은 가벼운 물이 위쪽에 있고, 수온이 낮은 무거운 물이 아래쪽에 있는 안정된 상태이다. 이때는 위아래 물이 서로 섞이지 않는다.

바다 표층에서는 식물플랑크톤이 자라면서 영양염류를 계속 섭취한다. 그러나 저층에서는 박테리아가 가라앉은 생물 사체를 분해하면서 영양염류가 만들어진다. 그래서 저층에는 영양염류가 풍부하다. 수온약층이 생기면 저층과 표층의 물이 섞이지 않으므로, 저층에서 영양염류가 공급되지 않아 표층에서는 영양염류가 줄어들게 된다.

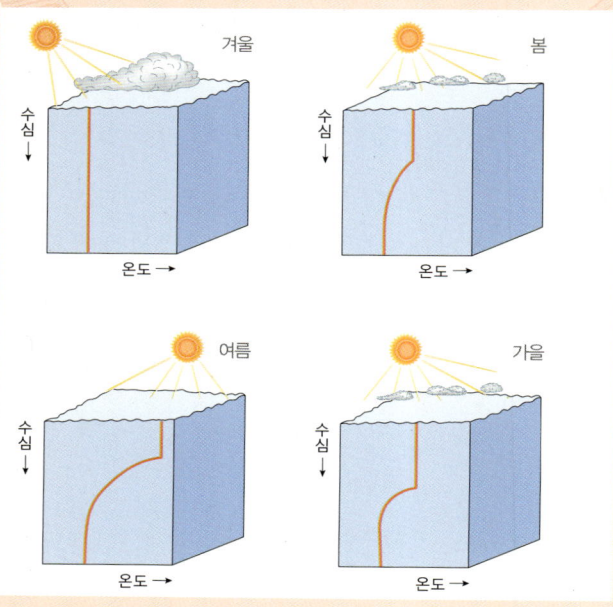

△ 계절에 따른 수온약층의 변화.

세포분열이 곧 생식

단세포생물인 식물플랑크톤의 생식 방법은 간단하여, 세포분열 그 자체가 바로 번식이다. 즉, 세포가 두 개로 나뉘면 각각의 세포는 독립된 개체가 된다. 이들은 분열하기에 알맞은 환경을 만나면 하루에도 한두 번씩 분열할 수 있어 숫자가 기하급수적으로 늘어난다. 예를 들어 죽는 것이 없다고 가정하면 사흘 뒤에는 처음 숫자의 8~16배에 이른다. 어떤 와편모조류는 환경이 나빠지면 바닥에 가라앉았다가 다시 번식할 시기를 기다린다.

규조류는 무성생식의 일종인 이분법으로 번식한다. 우선 세포질이 위 껍데기와 아래 껍데기로 나뉜다. 그리고 위 껍데기와 아래 껍데기가 분리되면 각각 새로운 껍데기가 이전 껍데기 안쪽에 만들어진다. 이렇게 해서 두 개의 개체가 생긴다. 그러다 보면 크기가 점점 작아지는 것도 있다. 작아진 개체는 껍데기를 벗어 버리고 포자가 되는데, 포자는 새로운 껍데기를 만들어 원래 크기로 커진다.

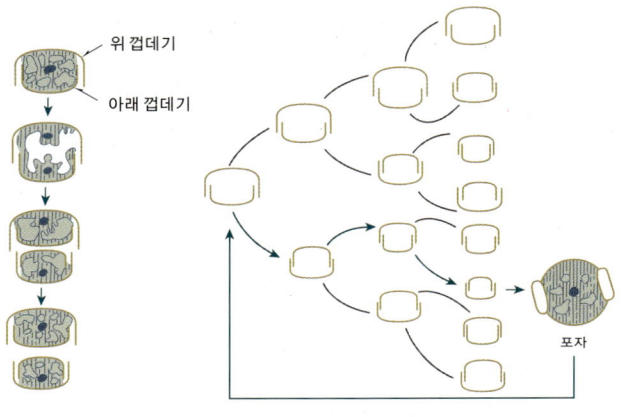

위 껍데기

아래 껍데기

포자

△ 규조류의 번식.

식물플랑크톤은 동물플랑크톤 하기 나름

식물플랑크톤 양은 수온, 염분, 빛, 영양염류 그리고 바닷물의 흐름에 따라 달라진다. 즉, 환경이 살기에 좋아지면 늘어나고 반대로 나빠지면 줄어든다. 또한 동물플랑크톤에게 먹히거나, 살기 위해 다른 식물플랑크톤과 경쟁하거나, 기생생물이나 병원성 생물에 의해 줄기도 한다. 특히 식물플랑크톤 양은 동물플랑크톤과 밀접한 관계가 있다. 초식성 동물플랑크톤이 식물플랑크톤을 먹으면 식물플랑크톤이 줄어든다. 그러나 해파리나 빗해파리 같은 육식성 동물플랑크톤이 초식성 동물플랑크톤을 잡아먹으면 이들의 먹이인 식물플랑크톤은 늘어나게 된다.

동물플랑크톤이란 물의 움직임에 비해 운동할 수 있는 힘
이 약해 물 흐르는 대로 떠다니는 동물이라는 것은 이제
알 것이다. 그렇지만 플랑크톤인지 아닌지 구분하기가 힘
든 경우도 있다. 화살벌레, 난바다곤쟁이, 치어 등은 제법
헤엄치는 능력이 있으나, 크기가 작아 상대적으로 물의
움직임보다 운동 능력이 약하므로 동물플랑크톤이라고
한다. 한편 작은 오징어나 물고기, 새우 등은 소형 유영동
물로 분류하기도 하고 동물플랑크톤으로 분류하기도 한
다. 이처럼 동물플랑크톤과 소형 유영동물을 뚜렷하게 구
분하기 어려울 때도 있다.

△ 왼쪽부터 화살벌레, 뱀장어의 치어, 작은 새우, 작은 오징어.

동물플랑크톤의 종류는 아주 다양하다. 바다에 사는 거의
모든 동물이 최소한 일생에 한 번은 플랑크톤 족보에 이
름을 올릴 수 있다.

섬모충 · 유공충 · 방산충 · 편모충은 세포 하나로 이
루어진 동물플랑크톤이다. 해파리 · 빗해파리 · 윤충류 ·
요각류 · 지각류 등도 동물플랑크톤이다. 조개 · 따개비 ·
성게 · 불가사리처럼 바닥에서 사는 동물도 어린 시기에
는 플랑크톤 생활을 한다. 또한 어류와 같은 유영생물의
알이나 어린 치어도 헤엄치는 능력이 없거나 약하기 때문
에 플랑크톤에 포함된다.

따라서 바다에 사는 포유류, 조류 및 파충류를 제외한
거의 모든 동물이 동물플랑크톤에 속한다고 볼 수 있다.
다음은 우리나라 독도 주변에서 쉽게 관찰할 수 있는 동
물플랑크톤이다.

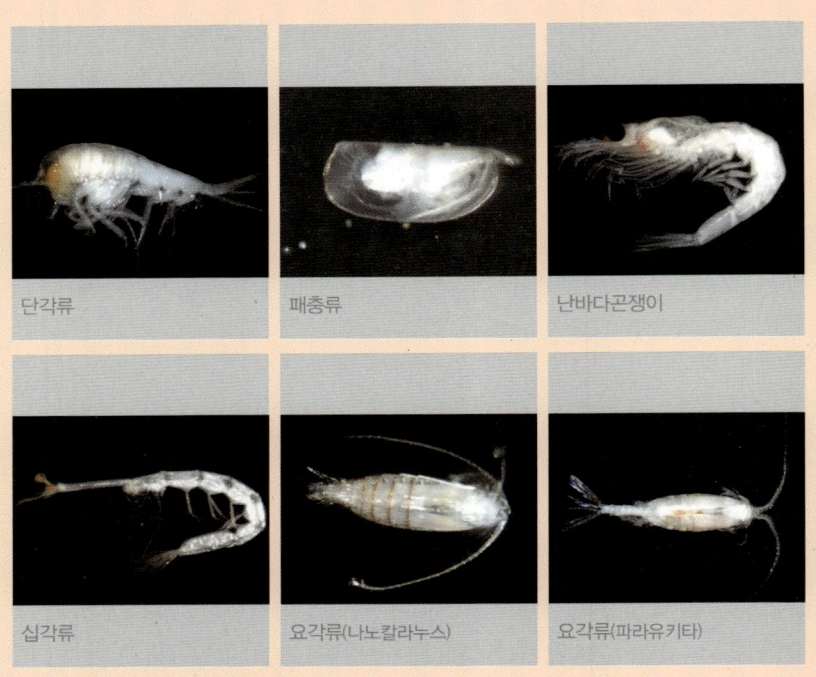

| 단각류 | 패충류 | 난바다곤쟁이 |
| 십각류 | 요각류(나노칼라누스) | 요각류(파라유키타) |

△ 독도 주변에서 볼 수 있는 동물플랑크톤.

동물플랑크톤은 어떻게 잡을까?

플랑크톤은 연구 목적에 따라 적절한 그물눈 크기를 가진
플랑크톤 채집망으로 잡을 수 있다. 그러나 감각기관이 발
달한 동물플랑크톤은 채집망을 쉽게 피해 잡기 어려운 경

우도 있다. 물속에는 동물플랑크톤이 많은 곳도 있고 적은 곳도 있으므로 어디에서 채집할 것인지 잘 결정해야 한다. 같은 종이라도 유생과 성체 사이에 크기, 헤엄치는 능력, 사는 장소가 다르므로 채집 방법이나 채집망 종류, 채집하는 때와 장소를 신중하게 결정해야 한다.

왜 물에 떠서 살게 되었을까?

식물플랑크톤은 광합성을 하기 위해 햇빛이 잘 드는 표층에 떠 있어야 하며, 그래서 크기도 작다고 앞서 말했다. 대부분의 동물플랑크톤은 식물플랑크톤과 마찬가지로 아주 작다. 동물플랑크톤도 물에 떠서 살기에 적합하도록 진화한 결과이다. 그렇다면 동물플랑크톤은 어떤 장점이 있어 물에 떠서 살까? 우선 먹이가 되는 식물플랑크톤이 물에 떠 있기 때문이다.

그런데 불가사리나 조개같이 바닥에 사는 저서동물조차도 어린 시기에 플랑크톤 생활을 하는 데는 나름대로 큰 장점이 있다. 물에 떠서 사는 플랑크톤은 3차원 공간을 활용하여, 표층부터 바닥까지 층층이 살 수 있다. 마치 땅이 부족한 도시에서 고층 아파트에 층층이 살듯이 말이다. 그러나 저서동물은 바닥에 붙어서 살거나 움직이더라도 아주 천천히 움직인다. 때문에 서식지가 바닥이라는 평면으로 한정된다. 즉, 1층에서밖에 살 수 없다. 이렇듯 살 수 있는 공간이 비좁기 때문에 항상 공간을 차지하기 위한 경쟁이 치열하다. 바닷가 바위를 살펴보자. 바위에 다닥다닥 달라붙은 따개비나 홍합으로 어디 한 군데 발 디딜 틈이 없다. 그러니 새로 이사를 오려고 해도 마땅한

△ 발 디딜 틈 없이 붙어 있는 홍합.

자리가 없고, 복잡한 곳을 떠나 이사를 하려고 해도 갈 길이 천리만리같이 느껴질 것이다. 따라서 저서동물에게는 플랑크톤 시기가 새로운 장소를 찾고 영역을 넓힐 수 있는 좋은 기회이다. 그래서 민들레가 씨를 바람에 날려 널리 자손을 퍼뜨리듯이 저서동물도 그들의 유생을 물에 흘려 보낸다. 유생은 물에 떠다니다가 살기에 적당한 곳을 발견하면 바닥으로 내려가 자리를 잡는다.

바닥에 사는 대부분의 저서동물은 알을 물속에 낳아 놓고, 부화된 어린 새끼가 물에 떠다니다가 살기에 적합한 곳에 정착함으로써 종족을 유지한다고 했다. 그렇다면 바다 생물은 종족을 보존하기 위해 또 어떤 전략을 쓸까?

바다에 사는 생물은 수많은 알을 낳지만 그 가운데 살아남아 어미의 대를 잇는 것은 아주 극소수이다. 대부분은 다른 동물의 먹이가 되거나 여러 가지 이유로 어린 생을 마감한다. 이것이 치열한 자연의 법칙이다. 그러니 어미는 새끼들이 되도록 많이 살아남도록 여러 가지 전략을 쓴다. 그 가운데 하나는 크기가 작은 알을 아주 많이 낳는 것이다. 이 경우 각각의 알은 영양분을 조금씩 가지고 있으므로, 빨리 부화하여 스스로 먹이를 찾아야 한다. 어린 유생으로서는 힘든 일이나 워낙 숫자가 많다 보니 살아남는 것이 있어 종족을 유지시켜 간다.

또 하나의 전략은 큰 알을 비교적 적게 낳는 방법이다. 이 경우 각각의 알에는 영양분이 많아 알에서 부화할 때 이미 유생이 커서 다른 생물에게 잡아먹힐 확률이 적다.

어떤 방법이 더 좋은지는 모른다. 두 방법 모두 나름대로 장점이 있어 지금까지 종족을 보존해 올 수 있었다. 우리의 경우 예전에는 자기 밥그릇은 가지고 태어난다며, 자식을 많이 낳아 그 가운데 성공하는 자식이 나오기를 바랐다. 하지만 지금은 자식을 적게 낳아 집중적으로 투자해 그 자식이 성공할 확률을 높이려 한다.

화려한 열대 플랑크톤

동물플랑크톤에게는 가라앉지 않고 물에 떠 있는 것이 가장 중요한 일이다. 그래서 몸을 조금이라도 더 가볍게 하기 위해 진화한다. 예를 들어 고깔해파리는 기체를 채울 수 있는 주머니가 있어 몸을 가볍게 하고, 야광충은 세포 안에 가벼운 화학물질을 저장한다. 또한 동물플랑크톤은 천천히 가라앉기 위해 마찰력을 늘리도록 몸의 구조가 복잡하다. 마찰력을 늘리기 위한 이들의 노력은 아주 눈물겹다. 열대 바다에 사는 요각류 동물플랑크톤은 몸에 마치 인디언이 머리에 꽂는 깃털 같은 돌기가 있다. 비슷한 종이라도 열대 바다에 사는 동물플랑크톤이 훨씬 더 화려한 이유는 뭘까? 수온이 높은 열대 바닷물은 수온이 낮은 바닷물보다 밀도가 작다. 밀도는 '물질의 단위 부피당 질량'으로, 수온이 높은 물은 같은 부피의 수온이 낮은 물보다 더 가볍다는 말이다. 따

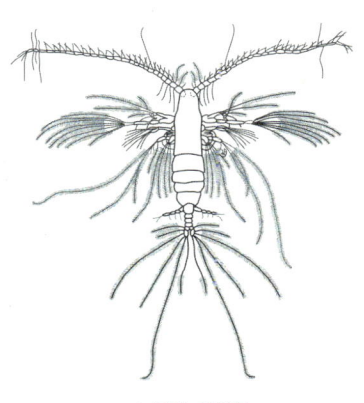

△ 열대 요각류

라서 플랑크톤은 수온이 낮은 물보다 수온이 높은 물에서 더 빨리 가라앉는다. 때문에 열대 바다에 사는 플랑크톤은 되도록 가라앉는 속도를 줄이기 위해 몸 구조가 복잡하다. 물과 접촉하는 면을 늘려 마찰력을 크게 하기 위함이다.

세포 하나가 동물이라니

우리 몸은 아주 많은 세포로 이루어진다. 이렇게 많은 세포로 이루어진 생물을 다세포생물이라 하고, 세포 그 자체가 생물인 것을 단세포생물이라 한다. 세포는 1665년 영국의 훅R. Hooke이 처음으로 발견했다. 그는 현미경으로 코르크를 구성하는 작은 상자 모양의 구조를 관찰한 후, 이 구조를 세포라고 불렀다. 그러나 사실 훅이 보았던 것은 세포막이었다. 그로부터 170년 이상이 흐른 1838년, 독일의 슐라이덴M. J. Schleiden이 식물은 세포로 이루어졌다는 사실을 밝혀냈고, 이듬해인 1839년 독일의 슈반T. Schwann이 동물도 세포로 이루어졌다는 사실을 알아냈다 (슈반은 플랑크톤 연구에 큰 업적을 남긴 뮐러의 조수로 일한 적이 있다.). 슐라이덴과 슈반의 업적으로 모든 생물은 겉모양이 다를지라도 세포로 이루어졌고, 이 세포가 생물 구조와 기능의 기본 단위라는 세포설이 만들어졌다.

세포 하나로 된 동물을 원생동물이라 하는데 바다에는 섬모충, 유공충, 방산충, 편모충 같은 원생동물 플랑크톤이 산다. 이들은 큰 동물플랑크톤이 먹을 수 없는 아주 작은 박테리아나 미세 조류 등을 먹고, 자신보다 큰 동물플랑크톤의 먹이가 된다.

평가절하된 운동 능력

동물플랑크톤은 움직이는 힘이 아주 미약하다. 그러나 이는 인간의 주관적인 판단일 뿐이다. 만일 벼룩이 사람만큼 커진다면 백두산도 뛰어넘는 높이뛰기 선수가 될 것이다. 단지 크기가 작아서 뛰어 봐야 벼룩인 셈이다. 동물플랑크톤도 벼룩과 마찬가지다.

동물플랑크톤 가운데 가장 흔한 요각류의 노플리우스 유생을 현미경에 연결한 비디오로 촬영하여 헤엄치는 속

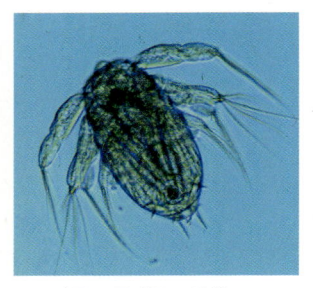

△ 요각류 노플리우스 유생.

도를 쟀다. 그리고 만약 이 유생의 크기가 치타 정도라면 얼마나 빠른 속도로 움직이는지 계산했다. 아프리카 초원에 사는 치타는 시속 100킬로미터로 뛸 수 있는 가장 빠른 동물로 알려져 있는데, 놀랍게도 요각류 유생은 무려 시속 600킬로미터 정도의 순간속도를 낼 수 있다. 웬만한 비행기 속도이다. 플랑크톤 입장에서는 엄청난 힘을 내 움직이는 것이다.

잔털이 많은 섬모충

섬모충纖毛蟲은 섬모라는 짧은 털로 운동한다. 민물에 사는 짚신벌레는 잘 알려진 섬모충의 종류이다. 섬모와 편모의 구조는 다르지 않으나 흔히 길이가 짧고 숫자가 많으면 섬모, 길이가 길고 숫자가 적으면 편모라고 한다. 뒤에 나오

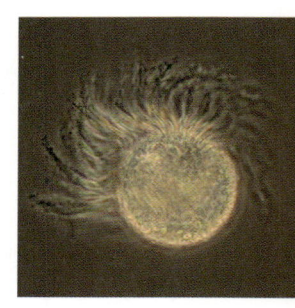

△ 섬모충

겠지만 편모를 가진 원생동물을 편모충이라고 한다. 섬모충은 물속에서 살며, 다른 동물에 기생하는 종류도 있다.

바다에 사는 섬모충류는 크게 껍데기가 없는 것과 껍데기가 있는 유종섬모충으로 나눈다. 껍데기가 없는 섬모충은 연안에 흔한데, 때때로 빠르게 번식하여 적조를 일으키기도 한다. 유종섬모충은 마치 종鐘이나 꽃병, 원통모양의 껍데기를 가지기 때문에 붙인 이름이며, 종류마다 모양이 달라 분류의 기준이 된다. 현미경으로 관찰하면 껍데기가 투명하게 보이지만, 종류에 따라 껍데기에 미세한 모래나 다른 생물의 껍데기 등이 붙어 있어 불투명하게 보이기도 한다. 섬모충은 입 주변에 나 있는 섬모를 이용해 작은 식물플랑크톤을 걸러서 먹는다.

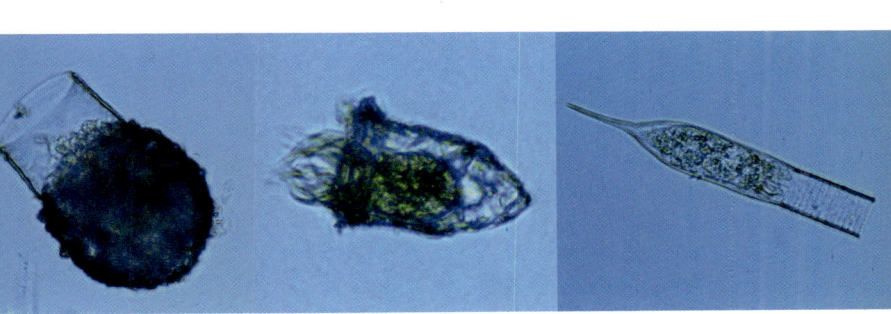

△ 여러 가지 유종섬모충.

구멍이 숭숭 뚫린 유공충

유공충有孔蟲은 말 그대로 껍데기 표면에 작은 구멍이 많은 벌레이다. 껍데기는 탄산칼슘이 주성분인 석회질로 되어 있으며, 내부는 여러 개의 방으로 나뉜다. 대부분의 유공충은 크기가 1밀리미터 미만이지만 몇 종류는 수십 밀리미터나 된다. 유공충은 저서 생활을 하는 것이 많고, 일부만이 부유 생활을 한다.

유공충은 아메바처럼 헛발(위족)을 구멍 밖으로 내밀어 박테리아나 식물플랑크톤을 잡아먹는다. 글로비저리나Globigerina는 가장 흔한 부유성 유공충으로, 심해에는 죽어서 가라앉은 이들의 껍데기가 쌓여 있다. 이러한 퇴적물을 유공충연니라고 한다. 이것은 수심 수백~5,000미터

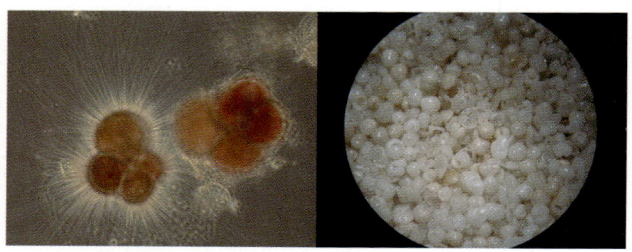

△ 왼쪽 유공충, 오른쪽 유공충 껍데기.

에 이르는 열대·아열대·일부 온대 바다의 바닥에 널리 분포한다. 그러나 수심이 그 이상 깊은 곳에서는 탄산칼 슘이 녹아 버리므로 유공충연니를 볼 수 없다.

　유공충은 아메바처럼 몸이 두 개로 나뉘어 번식하는 무성생식과 두 개의 편모를 가진 배우자가 만나서 번식하는 유성생식을 되풀이한다. 한편 유공충 화석이 많은 곳에 해저유전이 있을 확률이 높으므로, 해저유전을 찾을 때 유공충 화석이 이용되기도 한다.

가시로 둘러싸인 방산충

방산충放散蟲은 아메바의 친척뻘로, 바다에 사는 플랑크톤 이다. 대부분 둥글고, 가느다란 실 같은 가시가 사방으로 나 있어 모습이 아름답다. 크기는 50마이크로미터보다 작은 것부터 수 밀리미터까지 다양하다. 때로는 여러 개체가 군체를 이루어 수 센티

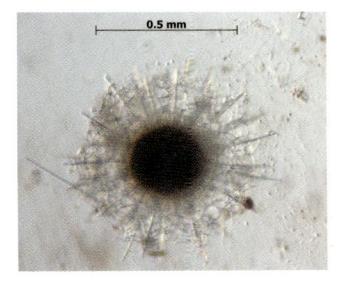

△ 방산충

미터나 되는 경우도 있다. 껍데기에는 규소 성분이 있으며, 종류에 따라 황산칼슘 같은 다른 성분이 들어 있기도 하다.

방산충은 죽어서 심해 바닥에 가라앉으면 분해되어 규소 성분의 껍데기만 남는다. 이 방산충 껍데기가 바다 밑바닥을 뒤덮고 있다. 방산충 껍데기는 유공충 껍데기와 달리 심해에서도 잘 녹지 않으므로 수심 5,000미터보다 깊은 곳에서도 발견된다. 특히 열대 해역에서 흔히 볼 수 있다. 방산충은 아메바처럼 헛발을 이용해 미생물을 잡아먹고 살지만, 몸속에 광합성을 하는 편모조류를 가지고 있어 스스로 영양분을 만드는 것도 있다.

긴 털을 가진 편모충

편모를 가진 단세포생물에는 식물도 있고 동물도 있다. 이 가운데 식물을 편모조류라 하고, 동물을 편모충류라 한다. 편모조류 중에는 스스로 유기물을 만드는 능력이 부족해, 모자라는 영양분을 다른 생물을 잡아먹어서 보충

하는 것도 있다. 즉, 이들은 동물과 식물의 성질을 모두 가진다. 편모충은 바닷물과 민물 모두에서 발견되고, 동물 몸속에 기생하는 것도 있다.

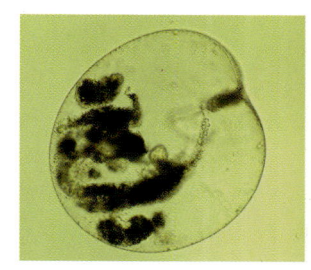

△ 편모충의 일종인 야광충.

야광충*Noctiluca*은 예전에는 식물에 속하는 와편모조류로 분류했다. 그러나 지금은 광합성 색소가 부족하고 식물플랑크톤이나 동물플랑크톤, 심지어 물고기 알까지 먹는 습성 때문에 편모충류로 분류한다. 그 크기는 1밀리미터 정도라서 맨눈으로도 볼 수 있다.

야광충은 물리적 자극을 받으면 빛을 내는 재미있는 습성이 있다. 그래서 이름도 '밤에 빛을 낸다'고 하여 야광충夜光蟲이다. 밤에 물결을 가르며 배가 지나가거나 바닷가에서 파도가 부서질 때, 야광충이 내는 아름다운 빛을 볼 수 있다. 여름 바닷가에 가거든 야광충이 반짝이는 밤바다를 꼭 보기 바란다. 밤하늘을 수놓은 은하수처럼 반짝이는 야광충은 밤 바닷가에서 데이트하는 연인들에게 평생 아름다운 추억거리를 제공할 것이다.

△ 빛을 내는 야광충의 모습.

　　나는 야광충 때문에 해양생물학 공부를 시작했다. 야
광충이 금단의 열매인 사과를 따 먹도록 이브를 유혹한
뱀인 셈이다. 대학생 시절, 밤에 여수 돌산도에서 바닷물
을 보다가 별처럼 반짝이는 것을 발견했다. 물속에 밤하
늘의 은하수보다 더 아름다운 또 하나의 은하수가 있는
게 아닌가. 그 반짝이는 푸르스름한 빛이 하도 신기하여
바닷물을 떠서 현미경으로 보았다. 거기에는 마치 사과처

럼 생긴 아주 작은 생물이 수없이 들어 있었다. 그때 타어나서 처음으로 야광충을 알았고, 그 순간 나의 미래가 결정되었다.

해파리도 플랑크톤

우아하게 헤엄치는 해파리가 플랑크톤이라고 하면 놀라는 이들이 있을 것이다. 그러나 해파리는 헤엄치는 능력이 약해 물살이 조금만 강해도 휩쓸려 버린다. 그래서 해파리는 플랑크톤이다.

해파리는 크기가 1~2밀리미터밖에 안 되는 아주 작은 것도 있지만, 큰 종류도 많아 해수욕장이나 바닷가에서 흔히 볼 수 있다. 스쿠버다이버들은 잠수하다가 대형 해파리와 자주 만난다.

해파리는 종, 접시 또는 우산 모양으로 생겼으며 한천질로 된 몸 때문에 영어로는 젤리피시jellyfish라 한다. 한자로는 수모水母다. 정약전의 『자산어보』에서는 해파리를 해타海駝라 하며, 머리와 꼬리가 없고 얼굴, 눈도 없다고 설

△ 여러 가지 해파리.

명한다. 윗부분은 중이 삿갓 쓴 것과 같고, 삿갓 둘레에는 짧은 머리카락이 많이 달려 있다고 묘사한다.

젤리 덩어리처럼 보이는 해파리는 몸의 95퍼센트가 물이다. 그래서 물 밖에 꺼내 놓으면 흐물흐물하여 제 모양을 유지하기가 어렵다. 그러나 이들을 '물로 보다간' 큰일 난다. 해파리 가운데는 강한 독을 가지는 것이 있어, 쏘이면 죽을 수도 있기 때문이다.

해파리는 우산처럼 생긴 갓 아래에 국수처럼 늘어진 촉수가 있는데, 여기에 다른 동물을 쏘는 자세포가 있다. 해파리는 촉수에 먹이동물이 닿으면 마치 작살같이 생긴 자세포를 발사한다. 이때 자세포에 쏘인 먹이동물은 몸속으로 독성분이 들어가 몸이 마비되고, 해파리는 마비된 먹이를 잡아 몸 안에서 소화시킨다. 큰 해파리는 물고기를 잡아먹기도 하고, 작은 해파리는 주로 작은 동물플랑크톤을 잡아먹는다. 해파리는 바다거북에게 먹히고, 개복치나 병어를 비롯한 몇몇 물고기도 해파리를 잡아먹는다.

해파리는 다세포생물 중에서는 해면동물에 이어 가장

진화가 덜 되었다. 그래서 고등동물에서 볼 수 있는 호흡 · 순환 · 배설기관이 없는 아주 단순한 구조이다. 몸 안에 강장이라 불리는 빈 공간이 있어, 이곳에서 호흡과 소화 같은 생리작용이 일어난다. 그렇기 때문에 강장동물腔腸動物이라고도 불렸다.

보름달물해파리*Aurelia aurita*는 우리나라 연안에도 떼지어 나타나는 흔한 해파리다. 보름달처럼 동그랗게 생겨서 이런 이름이 붙었다. 이것의 유생은 규조류나 편모조류를 먹고, 작은 해파리는 요각류와 지각류를 주로 먹는 등 자라면서 식성이 바뀐다.

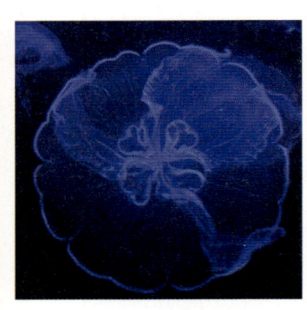

△ 보름달물해파리

해파리의 일종인 관管해파리는 일생 동안 부유 생활을 하며, 표층에서 심해까지 전 수층에서 발견된다. 고깔해파리Physalia physalis 작은부레관해파리는 잘 알려진 관해파리로, 길이가 10미터나 되는 긴 촉수를 가진다. 고깔해파리는 독을 가지므로 사람도 쏘이면 죽을 수 있어, 해수욕객이나 다이버에게 두려움의 대상이다. 서양에서는 고깔해파리를 '포르투갈 전사'라고 한다. 이는 공기가 들어 있는 부레 모양의 군체가 마치 옛날 포르투갈 군함의 돛처럼 보이기 때문이다. 이 돛을 이용하여 바람이 부는 대로 이동할 수 있다. 고깔해파리에 쏘이면 전기에 감전된 듯한 느낌이며, 쏘인 곳이 부어올라 몹시 아프다. 구토와 식은땀이 나고, 배나 머리가 아프고, 마비 증세도 나타난다. 심하면 사망하기도 한다. 고깔해파리는 지중해나 열대 바다에서 주로 발견되지만, 우리나라 동해에도 살고 있다.

△ 고깔해파리

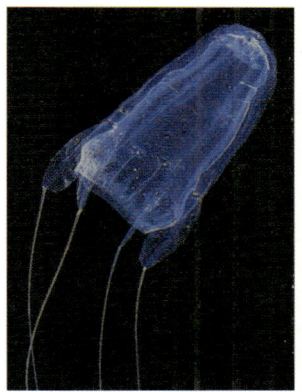
△ 상자해파리

'바다의 말벌'이라는 별명을 가진 상자해파리*Chironex fleckeri*는 고깔해파리보다 훨씬 독이 강하다. 그 독은 지구상의 동물 중에서 가장 강하리라 추정된다. 완전히 성장한 상자해파리에는 어른 60명을 죽일 수 있는 맹독이 들어 있다. 상자해파리는 오스트레일리아 동북부 바다에 산다. 이 해파리 때문에 죽은 사람의 수는 상어에게 희생된 사람보다 훨씬 많다.

　상자해파리 촉수에 쏘이면 마치 불에 달군 쇠막대로 얻어맞은 느낌이며, 촉수에 닿은 자리에는 화상을 입은 듯한 상처가 생긴다. 독이 순환계에 들어가면 호흡이 곤란해지고, 심장 박동이 느려지거나 아예 멈추어 몇 분 안에 사망한다. 촉수는 길이가 4~5미터나 되지만 아주 가늘고 투명하여 물속에서는 보기가 힘들다. 그러므로 상자해파리가 있는 곳에서는 쏘이지 않도록 보호복을 입고 수영하는 것이 좋다. 다행히 촉수의 자세포는 매우 짧아 보호복이나 잠수복을 뚫지 못하므로 불의의 사고를 방지할 수 있다. 지금은 상자해파리에 쏘였을 때 사용하는 해독제가 개발되어 있다. 천적 생물이 없을 듯 천하무적으로 보이는 상자해파리도 바다거북에게는 맛있는 먹이가 된다.

　여기서 잠깐 해파리에 쏘인 후 대처법을 알아보자. 해파리 촉수의 자세포가 사람 피부에 닿으면 가렵고 따가우며, 쏘인 자리가 부어오른다. 해파리에 쏘이면 피부를 물로 잘 씻은 다음 칼라민calamine 로션이나 알코올, 식초, 중탄산소다 등을 바른다. 심한 경우에는 얼음찜질을 하고 병원에서 치료를 받는 것이 좋다. 대부분의 해파리 자세포는 사람 피부를 뚫지 못하므로 크게 걱정할 필요는 없으나, 고깔해파리나 상자해파리는 맹독을 가지므로 위험하다.

대부분 생물이 해파리의 촉수를 꺼리지만, 이곳을 보금자리로 생활하는 물고기도 있다. 크기가 작은 돔 종류의 물고기는 다른 포식자로부터 안전한 고깔해파리 촉수 속에 사는 대신 해파리의 먹이를 유인한다. 일반적으로 물고기와 해파리는 서로 먹고 먹히는 관계이나, 이들은 서로 돕는 공생 관계를 유지하는 것이다. 누이 좋고 매부 좋은 셈이다. 이 물고기는 해파리 독에 대한 면역성이 있어 해를 입지 않지만, 다른 물고기가 이 물고기를 먹으려 달려들다가는 해파리 독에 마비되어 해파리의 먹이 신세가 된다.

한편 사람에게 해로운 해파리만 있는 것이 아니라, 우리 미각을 즐겁게 해 주는 해파리도 있다. 주로 우리나라, 중국, 일본에서는 예전부터 식용으로 몇몇 해파리를 이용했다. 일본에서 식용하는 월전해파리는 갓 지름이 2미터,

△ 해파리냉채

무게가 400킬로그램이나 되는 거대한 해파리다. 꼬들꼬들한 해파리로 만든 새콤한 냉채 맛은 더위에 입맛이 없을 때 그만이다.

게걸스러운 먹보 빗해파리

빗해파리는 해파리라고 표현하지만, 분류학적으로는 해파리와 다른 생물이다. 모양이 호두나 달걀을 닮아, 영어로는 '바다의 호두'라고 부른다. 몸에 섬모가 나 있는 빗 모양의 띠가 여덟 개 있어 유즐동물有櫛動物에 속한다(빗살무늬 토기를 즐문토기라고 하듯이 '즐'은 '빗'을 뜻한다.). 빗해파리라고 부르는 이유도 이러한 특징 때문이다. 섬모가 있는 띠는 마치 지구본에 그려진 경도처럼 위에서 아래로 나 있으며, 섬모는 물결치듯 차례로 움직인다.

빗해파리는 잔가지가 많고 끈적끈적한 촉수를 이용하여 먹이를 잡으며, 촉수가 긴 종류도 있다. 중력을 느끼는 감각기를 가지므로, 물속에서 어느 쪽이 위이고 아래인지

76

구별할 수 있다. 빗해파리는 밤에 빗 모양의 띠에서 빛을 내어 환상적인 분위기를 자아낸다. 마치 네온등이 깜박이는 도시의 밤거리를 보는 듯한 착각이 든다.

그렇지만 빗해파리는 보기와 달리 게걸스러운 포식자이기 때문에 동물플랑크톤, 특히 요각류나 치어에게는 무서운 천적이다. 빗해파리가 증가하면 먹이동물의 숫자가 급격히 감소하는 현상이 관찰된다. 예를 들어 흑해에서는 빗해파리 일종인 니미옵시스*Mnemiopsis*가 그곳의 물고기 알과 어린 물고기를 마구 잡아먹어 어류 숫자가 급격히 줄어들었다. 또한 식물플랑크톤을 먹는 요각류가 줄어들자 식물플랑크톤이 급격히 늘어나기도 했다.

해파리에 쏘인 적이 있는 사람은 "자라 보고 놀란 가

△ 빗해파리의 발광.

습 솥뚜껑 보고 놀란다.”고, 빗해파리도 경계의 눈초리로 바라볼 게 틀림없다. 그러나 대부분 빗해파리에는 자세포가 없으니 안심해도 괜찮다.

수레바퀴 닮은 윤충류

윤충류輪蟲類는 1702년 레벤후크가 처음으로 관찰했다. 윤충류라는 이름은 몸 앞쪽에 있는 섬모관纖毛冠의 섬모를 움직여 마치 수레바퀴가 도는 것처럼 움직이기 때문에 붙여졌다. 대부분 민물에 살지만 바다에 사는 종류도 있으며, 세계적으로 약 1,500종이 알려졌다. 크기는 아주 작아 보

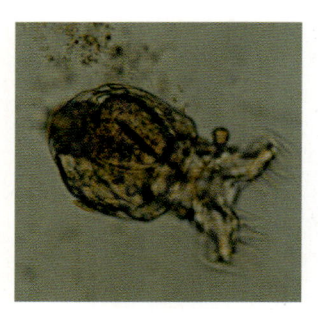

△ 윤충류

통 1밀리미터 미만이다. 윤충류는 암수딴몸(자웅이체)이고, 수컷이 암컷에 비해 아주 작다. 흔히 보이는 것은 암컷이며 수컷은 드문데, 수컷이 발견되지 않는 종류도 있다. 민물에 사는 것은 환경 조건이 좋을 때는 암컷이 혼자 번식하고, 환경

조건이 좋지 않으면 암수가 수정하여 번식을 한다. 윤충류는 어린 바닷물고기를 기를 때 먹이로 사용하기 때문에 인공적으로도 기른다.

가장 흔한 요각류

요각류橈脚類는 헤엄치는 발 모양이 배를 저을 때 쓰는 노와 닮아서 붙은 이름이다. 우리말로는 노벌레라고도 한다. 요각류는 새우 축소판처럼 생겼으며 새우와는 친척뻘이다. 크기는 1밀리미터가 안 되는 것부터 약 2센티미터인 것까지 있다. 대부분 플랑크톤으로 일생을 보내지만, 다른 생물의 몸에 붙어 기생하는 것도 있다. 요각류는 전 세계 바다 어디에서나 많이 발견되는 가장 흔한 동물플랑크톤이다. 현재까지 우리나라 부근 바다에서는 200여 종이 밝혀졌고, 앞으로 더 조사하면 그 숫자가 늘어날 것으로 예상된다.

요각류는 먹이 종류에 따라 초식성 · 잡식성 · 육식성으로 분류한다. 초식성은 물속에 있는 식물플랑크톤을 걸

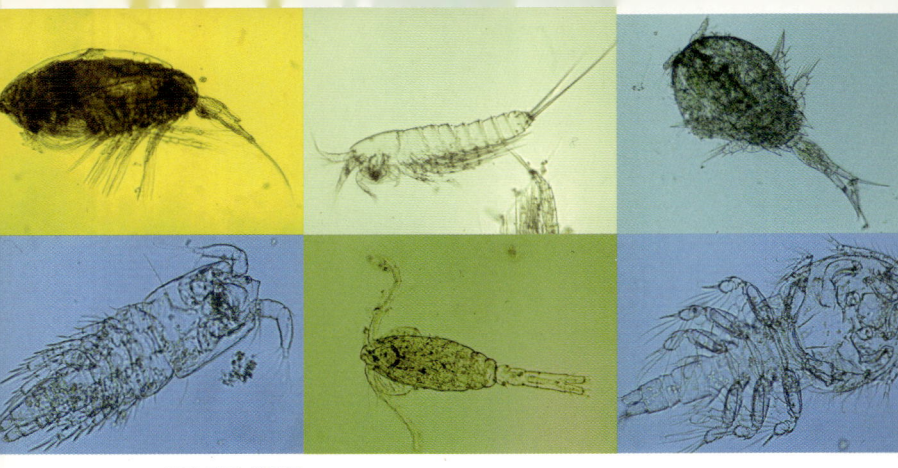

△ 여러 가지 요각류.

러서 먹고, 육식성은 작은 동물플랑크톤을 잡아먹으며, 잡식성은 먹이를 가리지 않고 먹는다. 강 하구나 연안에 사는 요각류는 대부분 잡식성으로, 주변 환경에 따라 식 물플랑크톤을 먹다가 동물 먹이를 잡아먹기도 한다. 유기 물 입자와 그곳에 달라붙은 박테리아도 먹는다. 심지어 자기 새끼까지 먹기도 한다. 이렇듯 요각류는 식성이 다 양하고 먹이 선택의 폭도 넓다.

요각류는 입 부분에 먹이 입자를 거를 수 있는 여과기 가 잘 발달되어 있다. 이들의 입 부분을 찍은 현미경 사진 을 보면 아주 험하게 생겨서, 영화 「죠스」에 나오는 상어 이빨이 오히려 귀여울 정도이다.

고등동물은 대부분 그 외모만 봐도 암수 구별이 가능하

△ 알주머니를 달고 있는 암컷 요각류.

다. 예를 들면 수컷의 특징으로 사자는 갈기가 있고, 사슴은 뿔이 있고, 바다코끼리는 어금니가 길게 발달한다. 그런데 커봐야 몇 밀리미터 정도인 요각류도 암수 구별이 되니 신비롭다. 수컷 중에는 짝짓기할 때 암컷을 꽉 붙잡을 수 있도록 다리나 더듬이가 갈고리 모양인 것도 있다. 암컷은 꼬리 부분에 알주머니를 달고 다니기도 한다.

처녀가 애를 낳는 지각류

연못물을 떠서 현미경으로 관찰하면 물벼룩이 우글거리는 것을 볼 수 있다. 이 물벼룩 종류를 지각류枝角類라고 한다. 바닷물보다는 연못이나 호수 같은 민물에 더 많이 살며,

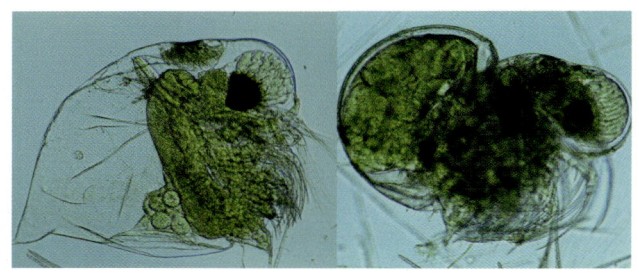

△ 지각류

비록 종 숫자가 적기는 하지만 바다와 강이 만나는 하구나 연안에서도 발견된다. 우리나라 연안에서는 여섯 종이 살고 있다. 이들은 주로 식물플랑크톤을 먹지만 아주 작은 박테리아도 먹을 수 있다.

지각류는 몸을 둘러싸는 껍데기가 있으며, 머리와 다리만 껍데기 밖으로 나와 있다. 암컷은 껍데기 속에 알을 많이 가지고 있어 수컷에 비해 껍데기가 더 크고 둥그렇다. 수컷의 껍데기는 작고 뾰족하게 생겼다. 그러나 지각류의 가장 큰 특징은 머리에 커다란 눈이 있는 것이다.

지각류는 처녀가 애를 낳는 이른바 처녀생식을 할 수 있다. 이들에게 동정녀 마리아의 기적은 아주 흔한 일이다. 지각류는 주변 환경이 살기 좋을 때는 수컷을 찾는 번거로움 없이 암컷 혼자 번식하여 많은 자손을 빨리 퍼뜨린다. 그러나 환경이 나빠지면 암컷과 수컷이 수정하여 번식을 한다. 살기 힘들 때는 옆에 있는 짝이 위로가 되는 모양이다.

조개를 닮은 패충류

패충류貝蟲類는 말 그대로 조개를 닮은 벌레이다. 주로 먼 바다에 살고, 대합이나 바지락처럼 껍데기 두 개가 몸을 감싼다. 그렇지만 조개와는 관계없는 생물이며, 오히려 게나 새우와 사촌뻘이 된다. 영어로는 오스트라코드 ostracod라고 한다. 그리스 아테네에서는 조개껍데기나 도자기 조각 등에 위험한 인물의 이름을 적어 투표한 후 국외로 추방했다. 이 제도를 오스트라시즘ostracism이라 하는데, 이것과 어원이 같다. 패충류는 대부분 저서 생활을 한다. 하지만 먼 바다에는 평생 플랑크톤 생활만 하는 패충류도 있고, 연안에서 가까운 바다에는

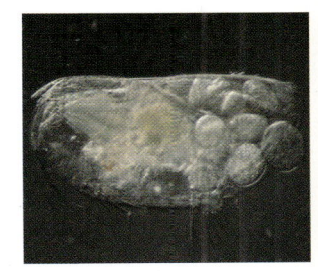

△ 패충류

일시적으로 부유 생활을 하는 패충류도 있다. 먼 바다에 사는 패충류 중에는 몸길이가 30밀리미터까지 되는 것도 있지만, 대부분 패충류의 크기는 0.8~4밀리미터이다.

옆으로 납작한 단각류

단각류端脚類는 새우류와 비슷하게 생겼지만 옆으로 납작하다. 그래서 옆새우라고도 한다. 몸길이는 10밀리미터 정도이며, 등이 굽고 눈이 큰 것이 특징이다. 몸은 머리·가슴·배 세 부분으로 나누어지며, 머리에는 더듬이 두 쌍과 겹눈 한 쌍이 있다. 가슴에는 부속지 일곱 쌍이 있는데 제1쌍, 제2쌍은 악각(입 뒤쪽에 발달한 기관으로, 턱의 작용을 돕는다.)이 되고 제3~7쌍은 걷는다리가 된다. 배에 있는 다리 가운데 앞쪽 세 쌍은 헤엄칠 때, 뒤쪽 세 쌍은 걸을 때 사용한다. 가슴다리에 아가미가 있다.

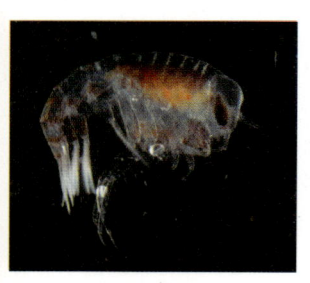
△ 단각류

단각류는 대부분 저서 생활을

하며, 일부만이 부유 생활을 하는 플랑크톤이다. 해파리와 공생하거나 대형 바닷말(해조류)에 붙어 사는 것도 있다. 대다수 단각류는 바다에 살며 얕은 바다에서 깊은 바다까지 널리 분포하고, 민물에도 더러 산다. 세계적으로 2,700종이 알려져 있다.

단각류 중에는 나무로 만든 배에 구멍을 뚫고 다시마나 미역 같은 해조류를 갉아 먹는 것이 있어, 인간에게 해를 끼치기도 한다.

젓갈로 담가 먹는 곤쟁이

곤쟁이 종류도 새우와 닮았고, 크기는 5~25밀리미터 정도이다. 이들 대부분은 저서 생활을 하지만, 연안에 사는 종은 밤에 표층으로 올라오기도 한다. 그렇기 때문에 곤쟁이류 중에서 부유 생활만 하는 것을 구별하기가 쉽지 않다. 부유성 곤쟁이는 표층에서부터

△ 곤쟁이

심해까지 분포 범위가 넓다. 곤쟁이는 젓갈로 담가 먹기
도 한다.

떼 지어 다니는 난바다곤쟁이

난바다곤쟁이는 곤쟁이와 모습이 비슷하며 크기는 1~6
센티미터로 비교적 큰 동물플랑크톤이다. 난바다란 먼 바
다를 뜻한다. 그러니 난바다곤쟁이란 먼 바다에 사는 곤
쟁이 비슷한 종류라는 말이다. 크릴krill은 난바다곤쟁이
종류 가운데 가장 잘 알려진 것으로, 남극해에 많이 살
고 있어 흔히 남극새우라고도 한다. 작은 식물플랑크톤
을 먹는 크릴은 고래 · 펭귄 · 물고기 · 바닷새 등의 주요
먹이가 된다. 남극은 여름에는 낮이, 겨울에는 밤이 계
속되는데 크릴은 특히 여름에 큰 동
물의 중요한 먹이가 된다. 크릴은
그 수가 많고 남극해에 밀집해 있어
쉽게 잡을 수 있으므로, 인간의 식
량이나 가축 사료로 개발 중이다.

△ 난바다곤쟁이

크릴은 떼 지어 생활하는데, 바닷물 1세제곱미터(m^3) 당 15,000마리 이상이 모여 있기도 한다. 크릴은 몸이 투명하지만 붉은색 점들을 가지므로, 크릴 떼에 의해 바닷물 색깔이 붉게 보이는 경우도 있다. 난바다곤쟁이가 떼를 이루는 습성은 인간에게 큰 피해를 끼치기도 하는데, 우리나라에서는 동해에 사는 난바다곤쟁이가 원자력발전소의 취수구를 막아 발전이 중단되는 사태를 일으킨 적이 있다.

바다의 폭주족 화살벌레

화살벌레는 생긴 모습이 화살을 닮았고, 헤엄칠 때도 마치 화살이 날아가듯 하여 이런 이름을 갖게 되었다. 화살벌레는 동물분류학상 모악동물毛顎動物에 속하며, 말 그대로 턱 주변에 털이 달려 있다. 이 악모는 갈고리 모양의 강한 털로, 삼국지에 나오는 장비의 수염이 떠오르게 한다. 화살벌레는 바다에만 살며 다른 해양 동물에 비해 크기가 작기 때문에, 1829년에서야 비로소 세상에 알려졌

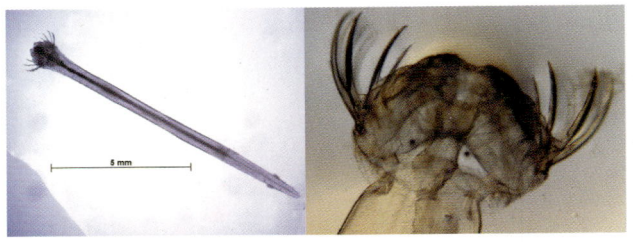
△ 왼쪽 화살벌레, 오른쪽 화살벌레의 머리 부분.

다. 지금은 세계적으로 100여 종이 알려져 있으며, 우리
나라 부근 바다에는 10여 종이 산다. 화살벌레는 찬 극지
방에서 더운 열대 지방에 이르는 전 세계 바다에 살며, 표
층에서부터 바닥까지 모든 깊이에서 발견된다.

화살벌레는 수 센티미터까지 자라므로, 다른 동물플
랑크톤보다 비교적 크다. 턱 주변에 난 악모로 먹이를 잡
는데, 먹이가 가까이 다가올 때까지 가만히 있다가 갑자
기 달려들어 공격한다. 주로 요각류가 희생물이 되나 어
린 물고기도 잡혀 먹히곤 한다. 먹이를 노리고 달려드는
화살벌레의 모습은 플랑크톤이라고 하기에는 아주 재빠
르다. 동물플랑크톤 사회의 폭주족인 셈이다. 이들은 작
은 동물플랑크톤을 잡아먹는 대신 큰 물고기의 먹이가 되
므로, 물고기 눈에 잘 띄지 않도록 몸이 거의 투명하다.

화살벌레는 종류에 따라 좋아하는 환경이 서로 다르다. 예를 들어 서해화살벌레는 염분이 낮은 서해에 주로 살고, 남해화살벌레는 수온이 높은 남해에 주로 산다. 그리고 동해화살벌레는 수온이 낮은 동해에 주로 산다. 따라서 어떤 화살벌레가 사는지 조사하면 그곳의 환경 조건을 알 수 있다.

탈리아류와 유형류

척삭동물Chordata은 무척추동물 가운데 가장 고등한 것으로, 발생 초기 단계에 척추동물의 척추와 같은 구조를 보인다. 척삭동물에는 탈리아류thaliacean, 유형류appendicularian 같은 플랑크톤이 속한다.

탈리아류는 우리가 즐겨 먹는 우렁쉥이(멍게)와 친척뻘이나 부유 생활에 알맞도록 적응했다. 이들은 끈적끈적한 점액질 그물로 크기가 1마

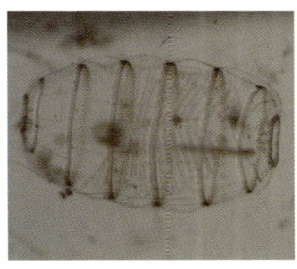

△ 탈리아류에 속하는 돌리오럼*Doliolum*.

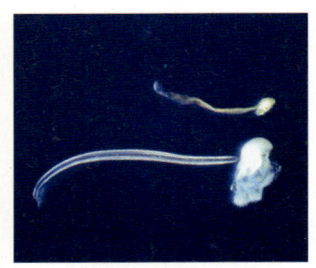
△ 유형류에 속하는 오이코플뤼라
Oikopleura

이크로미터 미만인 아주 작은 먹이
도 잡을 수 있다.

유형류는 올챙이처럼 생겼으며
꼬리를 움직여 물을 젤라틴 껍질
안으로 보내고, 물속에 있는 먹이
입자를 걸러서 먹는다. 이 여과망
이 아주 미세하여 박테리아보다 작
은 입자도 걸러 먹을 수 있다.

부유 유생

연안 해역에서는 평생 플랑크톤 생활을 하는 생물뿐만 아
니라 저서생물의 부유 유생도 중요한 동물플랑크톤이다.
우리나라 연안에서 흔히 관찰할 수 있는 부유 유생은 갯
지렁이 유생, 복족류나 이매패류 유생, 따개비나 게 유생,
성게나 불가사리 유생 등이다. 부유 유생에는 물고기 알
이나 어린 물고기 등도 포함된다.

△ 다양한 부유 유생. 맨 윗줄은 왼쪽부터 갯지렁이 유생, 따개비 유생, 불가사리 유생이다. 두 번째 줄은 왼쪽부터 꽁치알, 멸치알, 앨퉁이알이다. 세 번째와 네 번째 줄은 다양한 어린 물고기의 모습이다.

5부
붉은 바닷물이 몰려온다

적조에 대한 기록은 조선 시대에도 있었지만, 우리나라에서 적조를 과학적으로 기록하기 시작한 때는 1960년대이다. 1961년 남해 진동만에서 적조가 생긴 이후 1970년대 중반까지 100회가 넘는 적조가 발생했다. 당시의 적조는 대부분 규조류가 일으킨 것으로 큰 피해가 없었기에 관심 거리가 되지 못했다. 그러다가 1978년과 1981년에 와편모조류로 인한 적조가 발생하여, 양식장에 각각 23억 원과 17억 원의 피해를 냈다. 적조 원인 생물이 독성이 없는 규조류에서 독성을 가진 와편모조류로 바뀌면서 피해가 늘어났고, 그제야 적조에 대한 관심이 높아졌다. 1981년 이후에는 매년 적조가 발생했고, 대형 선박의 항해가 잦아지면서 새로운 종이 들어와 적조 원인 생물도 국제화되고 있다. 1995년 우리나라 역사상 적조로 인한 가장 큰 피해가 나자 적조에 대한 관심이 최고조에 달했다.

적조란 무엇인가?

적조란 플랑크톤이 많이 늘어나, 이들이 가지는 여러 가지 색소로 인해 바다나 강, 호수 등의 물 색깔이 변해 보이는 현상이다. 물 색깔이 붉게 또는 녹색이나 갈색으로 바뀔 때 우리는 이러한 현상을 각각 적조赤潮, 녹조綠潮, 갈조褐潮라고 부르며 이 모두를 통틀어 일반적으로 적조라고 한다. 적조를 일으키는 생물은 식물플랑크톤인 와편모조류나 규조류가 대부분이지만, 유글레나류나 섬모충류도 적조를 일으킨다. 적조가 발생한 물 1리터에는 보통 수백만에서 수천만, 때로는 수억 개체의 플랑크톤이 들어 있다.

△ 적조(마산만)

녹조는 호수나 강에서 주로 일어난다. 낙동강 하류에서는 가끔 남조류로 인한 녹조가 발생하여 물빛이

△ 녹조(영랑호)

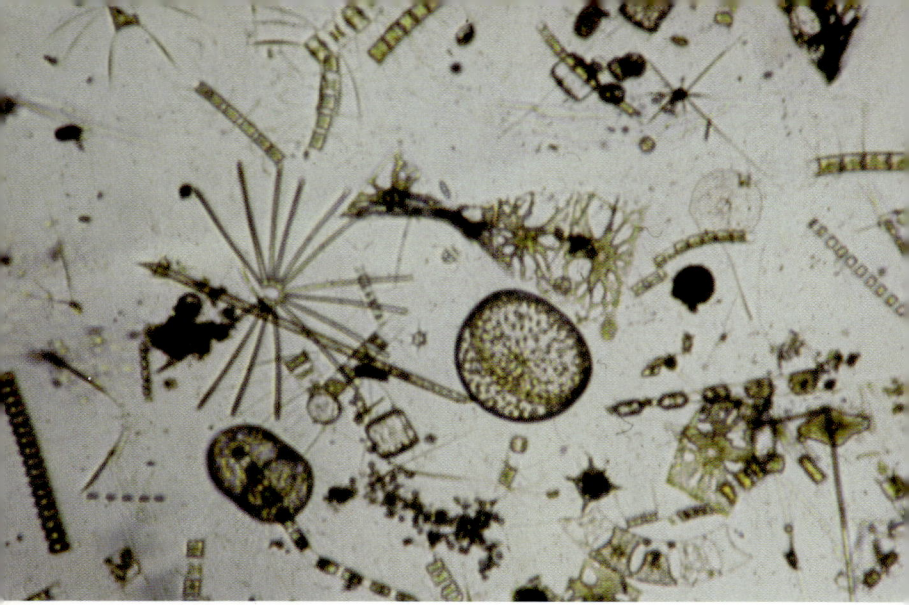
△ 적조를 일으키지만 독성이 없는 플랑크톤.

녹색으로 변하기도 한다. 미국 동부 연안에서는 바닷물이 누렇게 변하는 갈조가 발생하여 가리비 양식장에 큰 피해를 주었다. 갈조를 일으킨 생물은 오리오코코스*Aureococcus*라는, 크기가 2~3마이크로미터밖에 안 되는 미세 편모조류였다. 이들이 대규모로 번식하면 바닷물의 투명도가 떨어진다. 그러면 물속으로 투과되는 햇빛 세기가 약해져 새끼 가리비들이 붙어 사는 해초가 잘 자라지 못하며, 결국 가리비 생산량이 감소한다.

적조는 왜 발생할까?

적조는 수온, 염분, 빛, 영양염류 농도와 같은 물리·화학적 환경 조건이 적조를 일으키는 생물에게 알맞을 때 발생한다. 동물플랑크톤과 같은 포식자, 세균이나 바이러스처럼 병을 일으키는 생물에 의해서도 적조가 일어날 수 있다. 또한 조류潮流나 해류, 기상 조건 등도 적조를 일으키는 원인이 된다. 한편 우리가 버리는 각종 폐수 안에는 적조 원인 생물이 잘 자라도록 돕는 여러 가지 화학물질이 들어 있어, 너무 많은 폐수가 바다로 들어가면 적조가 발생할 수 있다.

편모조류로 인한 적조는 여름에 비가 많이 내린 후 맑은 날이 계속될 때 잘 나타난다. 이때는 수온이 높고 햇빛이 강할 뿐만 아니라, 육지에 있던 각종 유기물이 빗물에 씻겨 바다로 흘러들어 식물플랑크톤이 번식하는 데 필요한 영양염류가 제공되기 때문이다.

이처럼 질소와 인 같은 영양염류가 물속에 많이 들어 있는 현상을 부영양화富營養化라고 한다. 이로 인해 식물플

랑크톤이 급격히 늘어나 적조가 발생한다. 부엌에서 하수
구로 들어가는 각종 음식 찌꺼기와 화장실에서 흘러 들어
가는 분뇨, 합성세제 등이 부영양화의 주된 원인이다. 카
오스이론에서는 나비 한 마리의 날갯짓이 지구 반대편에
폭풍을 일으킬 수 있다고 한다. 우리가 무심코 버리는 생
활하수가 먼 길을 여행하여 적조를 일으키는 것이다. 인
구가 늘어나면 당연히 바다로 흘러 들어가는 하수의 양이
증가하므로, 부영양화는 점점 더 심해질 것이다. 또한 산
업화로 인해 공장과 목장에서 생기는 폐수가 늘어나면서
적조가 발생할 확률이 높아지고 있다. 최근에는 부영양화
보다 더 심한 과영양화라는 말이 생겨날 정도이다.

적조의 피해

적조는 수산업과 양식업에 큰 피해를 끼친다. 적조가 발
생하고 나서 식물플랑크톤이 죽으면 미생물이 이것들을
썩힌다. 이때 바닷물 속에 녹아 있는 산소가 쓰이며, 특히
저층 바닷물의 경우에는 산소가 부족해진다. 이렇게 되면

바닥에 사는 바다 생물이 숨쉬기 힘들어져 결국 호흡 장애로 죽는다. 또한 식물플랑크톤이 많아지면 이들이 분비하는 점액 물질로 인해 바닷물의 점도가 높아져 어린 굴고기가 헤엄치기 힘들어진다. 식물플랑크톤은 어패류의 아가미를 막아 질식시키기도 한다. 한편 유독성 와편모조류가 만들어 내는 독소는 어류의 신경을 마비시켜 어류가 죽기도 한다.

적조는 우리 건강에도 문제를 일으킨다. 몇몇 와편고조류 중에는 독을 가지는 것이 있는데, 이 플랑크톤을 먹은 어패류를 사람이 먹으면 마비성·설사성·신경성·기억상실성 질병이 일어나거나 경우에 따라서는 사망할 수도 있다. 1986년 4월, 부산에서 십여 명이 마비성패독 증상을 보였고, 그 가운데 두 명은 사망하는 사고가 발생했다. 독이 든 식물플랑크톤을 먹은 홍합을 먹었기 때문이다. 특히 여름에는 해산물로 인한 식중독 사고가 자주 일어난다. 독이 든 해산물을 먹으면 열이 오르고 몸이 마비되거나 설사를 하고, 기억장애가 나타나는 경우도 있으니 조심해야 한다. 적조를 발생시키는 식물플랑크톤 중에는 사람에게 호흡기 질환을 일으키는 가스를 만드는 것도 있다.

△ 적조

　　적조는 아름다운 바닷가 경치를 망가뜨리는 환경문제
도 일으킨다. 우리나라 연안은 경치가 아름다워 유명한
관광지와 해수욕장이 많다. 여름 휴가철이면 일 년 내내
푸른 바다를 그리워하던 사람들이 전국의 해수욕장으로
몰려들어 바닷가는 초만원이 되곤 한다. 그러나 적조가
생겨 바닷물의 색깔이 변하고 물에서 냄새가 나면 휴양지
로서 가치를 잃게 된다. 누가 더럽고 지저분한 바닷가에
서 휴식을 취하고 싶겠는가. 관광객이 줄어들면 인근 주
민들의 경제적인 피해로 이어진다.

적조를 줄이려면

현재까지 적조를 예방하거나 적조로 인한 피해를 줄이려는 여러 방법이 연구되었다. 그러나 적조를 예방하기 위한 가장 근본적인 방법은 영양염류를 포함하는 지저분한 물이 강이나 바다로 흘러드는 일을 엄격하게 규제하는 것이다. 이를 위해 폐수를 내보내는 공장에 폐수 재처리 시설을 만들게 하고, 인구가 많은 대도시에는 생활하수 종말처리장을 더 많이 지어야 한다. 국민들도 환경문제에 관심을 가져 오염 물질을 되도록 적게 버리고, 물건을 재활용하도록 노력해야 한다. 바다가 삶의 터전인 어민들은 쓰레기를 바다에 버리지 말고, 양식장에서 나오는 각종 사료 찌꺼기와 물고기 배설물로 인한 부영양화를 막아야 한다. 또한 학교나 시민 단체에서도 교육을 통해 환경 지키기에 앞장서야 할 것이다.

갈수록 심해지는 바다의 환경오염을 이대로 놓아 두면 적조는 계속 생길 것이고, 그 피해도 늘어날 것이다. 이 문제를 해결하기 위해서는 온 국민의 협조가 필요하다. 우리가 버린 쓰레기는 틀림없이 우리에게 되돌아온다. 마치 하늘로 던져 올린 부메랑이 던진 사람에게 되돌아오는 것처럼. 우리가 던진 부메랑에 뒤통수를 맞는 어리석음을 범하지 말아야 할 것이다.

일단 적조가 발생하면 피해를 줄이기 위한 노력이 필요하다. 지금까지 화학약품을 뿌리거나 초음파 분쇄기, 오존발생기, 원심분리기를 사용하여 적조 원인 생물을 없애는 방법이 개발되었다. 또한 점토를 뿌리면 적조 원인 생물이 점토에 달라붙어 바닥으로 가라앉는다. 와편모조류 중에는 해저 퇴적물 속에 있다가 자라기에 적당한 환경이 되면 번식을 시작하는 종도 있으므로, 해저 퇴적물을 파내는 것도 한 가지 방법이다. 그러나 이런 방법들은 생태계에 또 다른 나쁜 영향을 미칠 수 있으며, 넓은 적조 발생 해역에서 이용하기에는 문제점이 있다. 요즘 많이 사용하는 점토 뿌리기도 일시적인 제거 방법은 될 수 있지만, 적조 원인 생물은 바닥에 가라앉은 다음에도 적조를 일으킬 수 있으므로 근본적인 방법은 아니다. 더구나 가라앉은 점토는 바닥에 사는 다른 생물에게 나쁜 영향을 미칠 수 있다.

천적을 이용한 방지책

언젠가 강원도 철원에서 농약과 비료를 전혀 쓰지 않고 쌀을 재배했다는 신문 기사를 읽은 적이 있다. 무공해 쌀의 일등공신은 다름 아닌 오리였다. 오리가 논에서 해충을 잡아먹으니 농약을 뿌릴 필요가 없고, 오리 배설물이 좋은 비료이니 화학비료를 따로 뿌리지 않아도 되었던 것이다. 농약이나 비료를 공장에서 만들지 않던 시절에는 이것들을 쓰지 않고 쌀을 재배하는 일이 너무나 당연하여 뉴스거리도 되지 못했지만 지금은 화제가 되고 있다.

생태계는 지구에 생명이 생겨난 이후부터 먹고 덕히는 관계를 통해 지금까지 균형을 유지해 왔다. 식물은 태양의 빛에너지를 이용하여 유기물을 만들고, 동물은 식물을 먹으며 살아가고, 동물이 죽으면 미생물이 이를 분해하고, 분해된 물질은 식물이 이용한다. 식물은 다시 동물에게 먹히고……. 이런 관계가 깨질 때 생태계에는 이변이 일어난다.

적조가 일어나기 전에는 해파리가 눈에 띄게 늘어난다. 왜 그럴까? 해파리는 요각류 동물플랑크톤을 게걸스럽게 잡아먹는다. 그래서 해파리 숫자가 늘어나면 요각류 동물플랑크톤 숫자가 줄어들고, 자연히 동물플랑크톤이 먹던 식물플랑크톤의 수가 늘어난다. 그러니 해파리가 늘어난 후 얼마쯤 있다가 식물플랑크톤으로 인한 적조가 발생하는 것은 까마귀 날자 배 떨어지는 우연이 아니다.

이러한 예는 미역과 다시마 같은 대형 해조류의 경우에도 찾아볼 수 있다. 바위가 많아 대형 해조류가 무성히 자라는 미국 캘리포니아 바닷가에서 일어난 일이다. 성게는 다시마를 갉아 먹고, 자신은 해달에게 잡아먹힌다. 이와 같은 먹이연쇄 구조에서 사람이 해달 가죽을 얻기 위해 해달을 마구 잡았더니 성게가 늘어났다. 이 성게들이 다시마를 먹어치워 울창하던 바다 속 다시마 숲은 황폐해지고 말았다. 식물플랑크톤이 적조를 일으키거나 다시마 숲이 망가지는 것은 이렇게 먹이연쇄의 균형이 깨져서 나타난 이변이다.

적조를 일으키는 식물플랑크톤도 동물플랑크톤의 먹이가 된다. 그러나 요각류 동물플랑크톤은 유독성 와편모조류를 잘 먹지 않거나 먹더라도 다시 토해 낸다. 그 독성

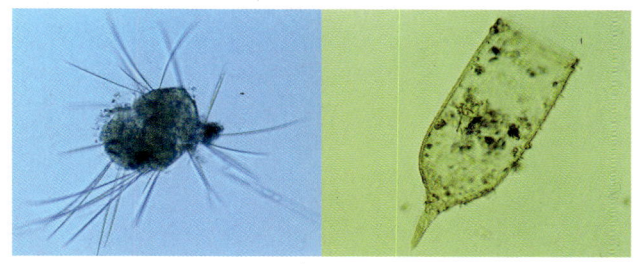

△ 왼쪽 갯지렁이 유생, 오른쪽 유종섬모충

물질이 신경계가 발달한 동물플랑크톤의 신경을 마비시키고 심장 박동을 빠르게 하기 때문이다. 그렇다고 유독성 식물플랑크톤을 먹는 천적이 없는 것은 아니다. 유기 영양분을 필요로 하는 와편모조류나 유종섬모충, 갯지렁이 유생 등은 유독성 식물플랑크톤도 잘 먹는다. 특히 유기 영양분을 필요로 하는 와편모조류나 유종섬모충은 적조를 일으키는 생물처럼 번식률이 빨라 좋은 천적이 된다. 갯지렁이도 산란기 때는 많은 부유성 유생을 만들므로 적조 시기와 산란 시기가 맞으면 효과적인 천적 생물이 될 수 있다.

동물플랑크톤은 종류에 따라 좋아하는 먹이가 다르다. 그러므로 적조 원인 생물을 잘 먹는 천적을 찾아내고, 이들을 대량 번식시켜 적조 발생 초기에 투입하는 것도 좋은 방법이다. 외국에서는 생물조절법을 이용하여 호수의 식물플랑크톤 발생량을 조절한 예가 많다. 그 원리는 동물플랑크톤을 잡아먹는 어류 수를 줄여 동물플랑크톤 수를 늘리고, 늘어난 동물플랑크톤이 식물플랑크톤을 먹어 치워 식물플랑크톤이 많아지는 현상을 방지하는 것이다. 그러나 바다는 실험실에서 사용하는 플라스크가 아니므로 해결해야 할 어려운 점이 많다.

1995년 적조 현장 일기

1995년 남해안 전역과 동해 남부에 걸쳐 대규모 적조가 발생했다. 적조는 9월 초 경상남도 통영 부근 바다에서 생겨나 쓰시마해류를 따라 거제, 부산 부근 바다를 휩쓸었다. 그리고 울산, 경주, 포항 앞바다를 거쳐 계속 북쪽으로 올라가 강원도 동해안까지 영향을 미쳤다. 이 적조로 말미암아 수산업과 양식업을 하는 사람들이 수백억 원에 달하는 피해를 입었다. 특히 가두리에서 기르던 우럭·방어·볼락·광어 등 양식 물고기 피해가 극심했다.

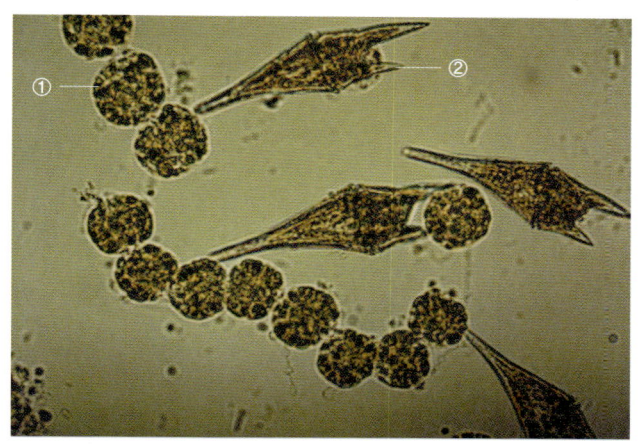

△ 적조 원인 생물인 ① 코클로디니움과 ② 세라티움.

당시 신문과 방송은 마치 마라톤 중계하듯 매일 적조 이
동 상황을 알렸고, 이로 인해 적조는 비전문가에게도 낮
익은 말이 되었다.

마침 나는 그해 9월 11일, 해양조사를 위해 통영 ㅁ륵
도에 갔다가 적조를 목격했다. 바닷물은 마치 커피를 타
놓은 듯 짙은 적갈색을 띠고 있었다. 물에서는 악취도 심
하게 났다. 그 물을 현미경으로 관찰하니 여러 개체가 달
라붙어 군체를 이룬 코클로디니움*Cochlodinium*이 압도적으

로 많았고, 드문드문 세라티움*Ceratium*도 보였다. 욕지도 쪽에서 밀려온 적조 띠는 조류를 따라 이동하는지, 같은 장소에서도 오전에는 없다가 오후에 다시 나타나는 등 하루에도 변화가 심했다. 3일 후 마산항에 들러 조사했더니, 그곳은 통영과 달리 코클로디니움보다 세라티움과 야광충이 더 많았다.

적조를 일으킨 코클로디니움은 와편모조류에 속하는 식물플랑크톤이다. 이 생물은 30~40마이크로미터 크기로 우리나라에서는 주로 9월과 10월에 출현하고, 수온이 섭씨 18~23도일 때 적조를 일으킨다. 실험실에서 길러 본 결과 섭씨 20~22도일 때 가장 빠르게 번식했고, 섭씨 17~18도가 되면 활동이 줄어들었다. 코클로디니움 적조는 일본의 도쿄東京만과 중국의 광저우廣州만에서도 보고되었고, 국내에서도 1980년대 초에 남해안에서 발생했다. 코클로디니움은 독성이 있으며, 해수 1밀리리터에 2천 개체 이상 있으면 어패류가 죽는다고 알려져 있다. 이들이 만드는 독은 마비성패독 증상처럼 신경이 마비되고 호흡 장애를 일으키기도 한다.

그해 9월 26일에는 진해만에 갔는데, 진해만 역시 심한 적조 현상을 보이고 있었다. 그곳에서는 세라티움이 압도적으로 많았고 코클로디니움은 아주 적었다. 유독성인 코클로디니움이 적조를 일으킨 통영에서는 동물플랑크톤이 거의 보이지 않았으나, 무독성으로 알려진 세라티움이 적조를 일으킨 진해만에서는 요각류, 지각류, 갯지렁이 유생 등 동물플랑크톤이 많았다.

한국해양연구원의 연구선 온누리호를 타고 진해만을 출발하여 부산, 울산을 거쳐 포항 근처인 구룡포까지 가는 동안에도 군데군데 적조 띠를 발견할 수 있었다. 적조 원인 생물은 통영에서 관찰한 바와 마찬가지로 코클로디니움이었다. 그러나 남해안에서는 1밀리리터에 수천 개체나 들어 있던 코클로디니움이 북쪽으로 갈수록 숫자가 줄어 1밀리리터에 수십 개체가 들어 있었다.

당시 적조의 원인으로 여러 가지가 이야기되었다. 기름 유출 사고 처리를 위한 과다한 유처리제 사용, 폭우로 인해 육상에서 식물플랑크톤 번식에 필요한 영양염류가 바다로 흘러 들어간 점, 태풍으로 바다 바닥에 가라앉아 있던 유기물이 떠올라 영양염류가 증가한 점, 수온이 적

△ 온누리호

조 원인 생물 번식에 적합했던 점 등이다. 종합해 보면 영양염류의 충분한 공급과 적절한 수온이 일차적인 원인이었다. 그러나 적조는 여러 요인이 복합적으로 작용하여 생기므로 속단할 수는 없다. 특히 코클로디니움처럼 먼 바다에서 사는 종류는 육지 가까운 바다에서 사는 종류에 비해 영양염류 농도가 비교적 낮아도 잘 번식한다. 바닷물에는 비타민이나 중금속 같은 식물플랑크톤이 자라는 데 꼭 필요한 화학물질이 아주 조금 들어 있는데, 오히려 이 물질 때문에 적조가 일어났을 수도 있다.

6부
물은
플랑크톤의 고향

물은 플랑크톤이 살아가는 고향이다. 그런데 물은 무엇이며 어떤 성질을 가질까? 우리는 매일 물을 마시며, 물이 없으면 죽고 말지만 그 고마움을 잘 모른다. 이 지구상에 물이 없었다면 생명체는 생겨나지 못했을 것이다. 과학자들은 원시 바다를 지구 생명체가 처음으로 나타난 곳이라고 생각한다. 물에 대해 깊게 생각해 본 적이 있는가? 물에는 아주 재미있는 과학 이야기가 숨어 있다. 이제부터 플랑크톤이 살아가는 물이 어떤 성질을 가지고 있는지 알아보자.

수소 둘, 산소 하나

물은 생각하면 생각할수록 신기한 특성을 가진다. 물 분자는 수소 원자 두 개와 산소 원자 한 개가 사이좋게 전자를 공유하며 결합해 있다. 이처럼 두 분자가 전자 한 쌍을 함께 가지며 결합하는 것을 공유결합이라고 한다. 부족한 부분을 서로 채워 주면서 안정된 상태를 이루는 것이다. 수소는 전자를 한 개 가지는데, 산소와 한 개를 같이 가짐으로써 두 개를 채워 안정된 상태가 된다. 또한 산소는 수소 두 개에서 각각 전자 한 개씩 모두 두 개의 전자를 받으면서 안정된 상태가 된다. 그래서 서로 주거니 받거니 도움을 주는 것이다. 우리 주변에는 겨우 쌀 한 가마를 가진 사람에게서 그마저도 빼앗아 쌀 100가마를 채우려는 쌀 99가마 가진 부자가 많다. 부가 지나치게 한쪽으로 치우치면 사회 전체는 불안해진다. 자기 욕심만 채우려는 사람들은 서로 나누는 물 분자의 지혜를 배워야 한다.

수소결합의 비밀

물 분자 사이에는 전기적으로 서로 잡아끄는 힘이 있다. 이것을 수소결합이라고 하며, 물이 가진 여러 가지 독특한 성질도 이 때문에 나타난다. 수소결합은 왜 생기는 것일까?

　수소 원자 두 개와 산소 원자 한 개로 이루어진 물 분자를 보면 마치 미키마우스 얼굴처럼 보인다. 산소는 얼굴 부분에, 수소는 양쪽 귀에 해당한다. 산소 원자는 수소 원자에 비해 크고 무겁다. 우리는 질량이 큰 물체일수록 잡아당기는 힘(인력)이 크다는 것을 알고 있다. 그래서 음전기를 띤 전자는 무거운 산소 쪽으로 치우치게 된다. 이것이 물 분자가 산소 쪽이 음(-)전기를 띠고 수소 쪽이 양(+)전기를 띠는 이유이다. 이 전기적인 차이로 인해 서로 다른 물 분자의 산소와 수소는 서로 끌어당기게 되는데,

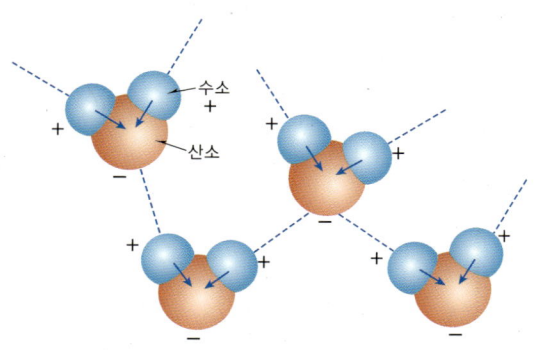

△ 물 분자의 구조와 수소결합(점선).

이러한 분자 사이의 결합이 수소결합이다. 만약 물 분자 사이에 수소결합이 없었다면 물은 상온(섭씨 15도)에서 액체가 아니라 기체였을 것이다(액체는 분자 사이의 끌어당기는 힘이 약해지면, 분자 사이의 거리가 멀어지면서 기체로 변한다.). 액체 상태의 물이 없었다면 지금같이 다양한 생물이 지구상에 나타나 번성하지 못했고, 플랑크톤도 물론 없었을 것이다.

뭉치는 힘이 강한 물 분자

수소결합으로 인해 물 분자는 서로 달라붙으려는 힘이 있다. 이것을 응집력이라고 한다. 가을이면 떨어진 낙엽이 연못물 위에서 둥실둥실 떠다닌다. 이렇게 낙엽이 물 표면에 뜰 수 있는 것도 물 분자끼리 뭉치는 힘이 커서 낙엽이 가라앉지 않기 때문이다. 소금쟁이가 물 위에서 미끄러지듯 움직이고, 유리 위에 떨어뜨린 물방울이 넓게 퍼지는 대신 동그랗게 뭉치는 현상도 같은 원리 때문이다.

응집력은 물의 점성과도 관계가 있다. 점성이란 끈적

끈적한 성질을 말한다. 바닷물의 점성은 수온과 염분에 따라 바뀌는데, 수온이 낮아질수록 염분이 높아질수록 점성이 커진다. 이러한 바닷물의 점성은 플랑크톤이 떠 있거나 유영생물이 헤엄치는 데 큰 영향을 미친다. 바닷물의 점성은 조금 뒤 '끈적끈적한 바닷물'에서 다시 살펴보기로 한다.

표면부터 어는 물

대부분의 액체는 온도가 낮아지면 밀도가 커진다. 그러나 순수한 물은 섭씨 4도일 때 밀도가 가장 크고, 온도가 더 낮아지면 오히려 밀도가 작아진다. 연못이나 호수의 바닥에 사는 생물에게는 이러한 물의 성질이 무척 고마운 일이다. 겨울이 되어 표면 물의 온도가 낮아지면 무거워진 물은 아래쪽으로 가라앉기 시작한다. 기온이 계속 내려가면 물은 표면부터 언다. 이때 연못이나 호수 바닥에는 섭씨 4도의 가장 무거운 물이 가라앉아 있다. 만약 물도 온도가 낮아지면서 계속 밀도가 커진다면 바닥부터 얼 것이다. 그러면 굳이 얼음에 구멍을 뚫고 낚시를 하지 않더라도 얼음판 위에서 냉동된 물고기를 주워 담기만 하면 된다. 하지만 바닥에 사는 생물들에게는 치명적이다.

△ 얼어붙은 바닷물.

  그러나 바닷물의 경우는 민물과 조금 다르다. 물 1,000그램에 염류가 24그램 이상 들어 있는 바닷물은 얼기 직전까지 수온이 내려가면서 밀도가 계속 커진다. 바닷물도 민물처럼 0도에서 얼까? 바닷물은 녹아 있는 염류의 양이 늘어날수록 어는점이 낮아진다. 그래서 바닷물 1,000그램 당 염류가 35그램 들어 있는 바닷물은 영하 1.9도에서 언다. 수심이 아주 낮은 극지방에서는 바다 표면뿐만 아니라 바닥에서 얼음이 얼기도 하며, 바닥에서 어는 얼음을 닻얼음anchor ice이라고 한다. 이 얼음이 점점 커지면 물 위로 떠올라 표층을 덮고 있는 얼음 아래쪽에 모이게 된다.

물을 증발시키려면 다른 액체보다 열을 많이 가해야 한다. 이것을 과학적으로는 물의 증발열이 크다고 이야기한다. 증발열이 큰 이유는 물을 수증기로 만들기 위해 물 분자 사이의 수소결합을 깨야 하기 때문이다. 그래서 물은 끓는점이 다른 액체보다 높아 섭씨 100도나 된다. 물 1그램을 증발시키기 위해서는 540칼로리의 열량이 필요하다. 배가 고플 때 라면이라도 먹을라치면 냄비의 물이 왜 그리 더디게 끓는지 다들 경험해 보았을 것이다.

물은 융해열이나 응고열도 크다. 즉, 얼음을 녹여 물을 만들 때(융해)는 열이 많이 필요하고(얼음 1그램이 물로 변할 때는 80칼로리의 열량이 필요하다.), 반대로 물을 얼려 얼음을 만들 때(응고)는 열을 많이 빼앗아야 한다. 이렇게 물이 기체, 액체, 고체로 바뀔 때는 열의 이동이 많다.

물 1그램의 온도를 1도 높이는 데 필요한 열을 열용량이라고 한다. 물은 열용량이 커서 온도를 높이려면 아주 많은 에너지가 필요하다. 물의 열용량이 큰 것이 우리를 비롯한 생물들에게 얼마나 고마운지 모른다. 바다에는 엄청난 양의 물이 있는데, 이 물이 낮에 태양열을 간직하고 있다가 밤에 대기 중으로 내놓아 기온차가 그다지 크지 않은 것이다. 만약 물의 열용량이 작다면 바다가 지구의 기온을 조절하지 못하여 생물들은 타 죽거나 얼어 죽을 것이다.

짠 바닷물

바닷물의 가장 큰 특징은 짜다는 것이다. 이는 바닷물에 염화나트륨, 염화마그네슘 등 염류가 녹아 있기 때문이다. 이 염류의 기원에 대한 여러 가지 과학적인 설명이 있는데, 그 가운데 하나는 암석 속에 들어 있던 염류가 오랜 세월 동안 빗물에 씻겨 바다로 흘러 들어갔기 때문이라는 것이다. 또한 염류 성분 중에는 바다 속에서 분출하는 화산에서 나온 것도 있다.

바닷물에 들어 있는 염류의 양은 우리가 흔히 사용하는 백분율(%, 퍼센트) 대신 퍼센트에 동그라미 하나를 더 붙인 천분율(‰, 퍼밀)로 나타내며, 최근에는 psu$^{practical salinity unit}$라고 쓴다. 바닷물 1,000그램에는 평균 35그램 정도의 염류가 포함되어 있으므로, 이를 표시하면, 35psu(35‰)이다.

바닷물이 증발할 때는 수분만 증발하고 염류는 바닷물 속에 그대로 남는다. 염전에 가면 바닷물이 증발한 후 하얀 소금만 남는 것을 볼 수 있다(바닷물에는 여러 가지 염류가 녹아 있으나, 그 가운데 약 80퍼센트는 우리가 먹는 소금

△ 염전

(염화나트륨)이다.).

　만약 전 세계 바닷물을 모두 증발시켜 만든 소금을 땅 위에 쌓는다면, 우리는 약 150미터의 소금산 속에 묻히게 된다.

염분은 바닷물 1,000그램에 녹아 있는 염류의 총량을 그램으로 나타 낸 것이다. 염분은 장소에 따라 변화가 심해, 강물이 많이 흘러드는 흑 해나 발트해에서는 아주 낮고 홍해나 사해처럼 증발량이 많은 곳에서는 아주 높다. 흑해는 염분이 약 18psu이고, 발트해는 이보다 낮은 8psu 정도이다. 홍해는 주변에서 흘러드는 강물이 없고 강수량도 적은 반면 증발량은 많아 염분이 40psu 정도이다. 사해는 엄밀히 말해 바다가 아 니라 세계에서 가장 낮은 곳에 위치한 호수이다. 염분은 300psu나 되 어 보통 바닷물보다 거의 10배나 염분이 높다. 염분이 높아지면 물의 밀 도가 높아져 부력도 커지게 된다. 그래서 사해에서는 수영을 못 하는 사 람도 물에 빠질 염려가 없다. 사해라는 이름은 아주 높은 염분 때문에 박테리아를 제외한 생물들이 살 수 없기에 붙여진 것이다. 미국 유타주 에 있는 대염호Great Salt Lake도 바다는 아니지만 염분에 관한 한 둘째로 치면 섭섭해 할 곳이다. 이 호숫가 주변은 소금기로 마치 눈이 쌓여 있 는 듯하다.

△ 대염호

염분은 생물에 어떤 영향을 미칠까?

도대체 염분은 생물에 어떠한 영향을 미칠까? 사람은 염분이 모자라면 여러 가지 생리적인 장애가 나타난다. 땀을 많이 흘리는 여름에는 특히 염분 보충이 필수적이다. 그러나 너무 높은 염분도 갖가지 문제를 일으킨다.

예를 들어 김장 때면 흔히 뻣뻣하던 배추가 소금물에 들어가자 맥을 못 추고 풀이 죽는 것을 보게 된다.

왜 그런지 가상 실험을 해 보자. 가운데 칸막이가 있는 통의 양쪽에 염분이 높은 물과 낮은 물을 각각 넣은 후 이 칸막이를 제거한다. 그러면 칸막이 양쪽의 물이 섞이면서 평균값의 염분을 가진 물이 된다. 이 칸막이가 생물의 세포를 둘러싸고 있는 세포막이라고 가정해 보자. 이렇게 세포막의 양쪽에 염분이 다른 물이 있을 때, 어떻게 하면 양쪽의 농도가 같아질까? 물은 세포막을 잘 통과하나 염류는 세포막을 통과하지 못한다. 따라서 농도가 낮은 쪽 물이 막을 통과하여 농도가 높은 쪽으로 이동하면 된다. 농도가 낮은 쪽은 물이 빠져나가니 농도가 높아지고, 농도가 높은 쪽은 물이 들어오니 희석될 것이다. 이것을 삼투현상이라 한다.

결론적으로 배추가 풀이 죽은 것은 소금물보다 농도가 낮은 배추 속의 수분이 밖으로 빠져나왔기 때문이다. 옛날 어른들은 아이가 밖에서 놀다가 다치면 상처 부위에 간장이나 된장을 발라 주곤 했다. 삼투현상에 대한 과학적 지식은 없었을지 몰라도, 경험적으로 짠 장을 바르면 상처 속의 독소가 빠져나오고 세균이 죽는다고 생각했던 것이다.

그러면 짠 바닷물에 살고 있는 생물은 염분과 어떤 관계가 있는지 살펴보자. 생명체는 바다에서 싹이 튼 것으로 알려져 있으며, 그 근거 중 하나로 혈액 성분이 바닷물 성분과 비슷하다는 사실을 꼽는다. 바다에 사는 동물플랑크톤을 비롯한 대부분 무척추동물의 체액은 바닷물과 염분이 비슷하여 삼투현상으로 인한 피해를 걱정할 필요가 없다. 만약 체액의 농도가 바닷물 농도보다 낮다면 김장철 배추 꼴이 될 것이고, 바닷물 농도보다 높다면 밖에서 물이 들어와 몸이 퉁퉁 부풀 것이다.

한편 주변 물과 염분이 다른 체액을 가진 어류들은 삼

투현상을 조절할 수 있다. 바닷물고기는 바닷물의 염분이 더 높기 때문에 체액을 몸 밖으로 빼앗긴다. 따라서 탈수현상을 막기 위해 짠물이라도 마시는데, 이때 몸속으로 들어오는 과다한 염류는 아가미에 있는 염류 배출 세포를 통해 밖으로 버린다. 반대로 민물고기는 체액의 농도가 주변 물보다 더 높아 밖에서 몸속으로 물이 들어오므로, 신장을 통해 소변으로 과다한 물을 배설한다. 이때 신장에서는 염류가 빠져나가는 것을 막기 위해 알뜰하게 염류를 다시 흡수한다.

끈적끈적한 바닷물

모처럼 찾은 바닷가. 즐거운 마음에 바다를 향해 전력 질주하여 뛰어들어 보지만, 물이 무릎을 넘어 배까지 차오르면 더는 뛰기가 힘들어진다. 확실히 물속에서는 땅에서 달리는 것보다 힘이 더 든다. 만약 바닷물보다 훨씬 더 끈적끈적한 꿀이 담긴 곳에서 뛴다면 어떨까. 틀림없이 바닷물에서보다 더 뛰기 힘들 것이다. 이유는 꿀이 바닷물보다 밀도와 점성이 더 크기 때문이다.

점성이란 액체의 끈적끈적한 성질이며, 그 정도를 점도라 한다. 점도는 물질의 종류에 따라 다르며, 물론 우리는 물보다 꿀의 점도가 훨씬 크다는 것을 경험으로 알고 있다.

어떤 물체가 물속으로 가라앉는 속도는 그 물체와 물의 밀도 차이에 비례하고, 물체와 물 사이 접촉면의 마찰력에 반비례한다. 마찰력은 물체와 물이 접촉하는 면이 클수록, 또한 액체의 점도가 클수록 커진다. 정리해 보면 이렇다. 같은 부피의 물보다 무거운 물체는 가라앉는다. 이때 물체의 무게가 무거울수록, 액체의 점도가 작을수록, 같은 부피라면 물체와 물이 접촉하는 표면적이 작을수록 빨리 가라앉는다.

식물플랑크톤은 광합성을 하기 위해 빛이 풍부한 표층에 머물러야 한다. 많은 동물플랑크톤은 낮밤을 주기로 수직으로 움직이지만, 이들도 수심이 깊은 곳보다는 먹이인 식물플랑크톤이 많은 표층에 주로 산다. 그러므로 플랑크톤은 표층에 머물기 위해, 즉 잘 가라앉지 않기 위해 여러 형태적인 특징을 보인다.

먼저 앞서 말했듯이 크기가 작으면 물에 떠서 사는 데 이롭기 때문에 플랑크톤은 대부분 아주 작다. 크기가 같다면 몸의 구조가 복잡할수록 표면적이 더 크다. 그러면 물과 접촉면이 늘어나 그만큼 마찰력이 커지므로 물에 떠 있는 데 유리하다. 그래서 표면적을 늘리기 위해 플랑크톤은 모양이 복잡하다. 동물플랑크톤이 몸에 돌기가 많은 것도 이 때문이다.

더운 바닷물은 찬 바닷물보다 밀도와 점도가 작으므로, 열대 해역에서는 부력(뜨려는 힘)이 작고 플랑크톤이 가라앉을 때 마찰력도 작다. 그래서 열대 해역에 사는 플랑크톤은 온대나 한대 해역에 사는 것보다 비교적 크기가 작고 모양이 복잡하다. 예를 들어 열대 해역에 사는 요각류는 다른 곳의 요각류보다 돌기나 꼬리 부분이 훨씬 복잡하게 생겼다. 또한 같은 곳에서도 수온이 낮은 겨울보다 수온이 높은 여름에 돌기 부분이 더 길어지는 등 표면적을 넓히기 위해 모양이 바뀌기도 한다.

끈적끈적함을 느끼는 정도는 생물의 크기에 따라 다르다. 즉, 같은 곳에 살더라도 고래가 느끼는 바닷물의 끈끈함과 아주 작은 동물플랑크톤이 느끼는 끈끈함에는 차이가 있다. 동물플랑크톤은 고래보다 바닷물이 훨씬 더 끈적끈적하다고 느낀다.

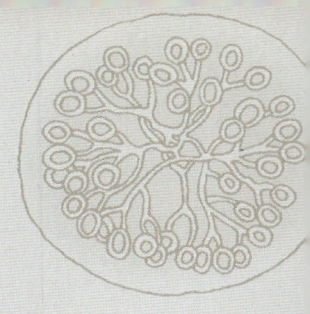

7부
플랑크톤
엿보기

플랑크톤은 육상 생태계로 치면 곤충에 해당할 것이다. 곤충은 작지만 종류와 숫자가 많아 사람과 더불어 땅을 지배하고 있는 셈이다. 어느 작가는 지구를 곤충의 행성이라고 하지 않았던가. 물이 있는 곳이면 어디든지 있는 플랑크톤. 이제 플랑크톤에 얽힌 인문·사회·자연과학적 이야기를 두서없이 풀어 보면서, 마이크로 세계 탐험을 마치도록 하겠다.

플랑크톤 물들이기

요즘 젊은이들 사이에서는 머리카락 물들이기가 유행하는데, 필요에 따라서는 동물플랑크톤도 물을 들이는 경우가있다. 연구 목적에 따라 채집할 당시 살아 있는 동물플랑크톤과 죽은 동물플랑크톤이 얼마나 되는지 확인해야 할 때가 그렇다. 발전소 냉각계통을 통과한 동물플랑크톤의 사망률을 측정하는 것이 한 예이다. 뉴트랄 레드neutral red 라는 염색약을 사용하면 살아 있는 동물플랑크톤의 몸만 붉게 염색된다. 그렇기 때문에 동물플랑크톤을 잡았을 때 바로 염색약을 집어넣으면 이들이 살았는지 죽었는지 알 수 있다. 이러한 방법을 생체염색기법이라 한다. 염색 효과는 동물플랑크톤의 종류나 나이에 따라 다르다. 생체염색기법을 활용하면 환경오염으로 인해 동물플랑크톤이 어떤 영향을 받는지 알 수 있다. 예를 들어 이 방법은 공장이나 발전소에서 나온 더운 온배수가 흘러 들어가는 곳에서 동물플랑크톤이 얼마나 죽는지 조사할 때 쉽게 이용된다.

사인을 밝혀 주는 식물플랑크톤

플랑크톤은 범죄 수사에도 중요하게 활용된다. 검시 과정에서 시체가 물에 빠진 후 사망했는지 아니면 살해된 후 물속에 버려졌는지 판단하기 위해 플랑크톤을 분석하기도 한다. 과연 플랑크톤이 사망 원인을 풀 수 있는 열쇠가될 수 있을까? 물에 빠진 사람은 지푸라기라도 잡으려고버둥대다가 물을 마시게 된다. 그러나 엄밀히 말하면 물을 마시는 것이 아니다. 물을 마시면 식도를 통해 위로 들어가는 것이 정상이지만, 물에 빠진 사람은 숨을 쉬려다보니 물이 기도를 따라 허파로 들어가게 된다. 그래서 물에 빠져 죽은 사람의 허파 속에는 식물플랑크톤이 들어있을 수 있다. 식물플랑크톤 가운데 특히 규조류는 껍데기가 규소 성분이라 산성과 알칼리성 물질에 강하다. 따라서 허파 조직을 산이나 강한 알칼리로 녹여 낸 뒤 용액을 원심분리하여 농축하면 규조류 껍데기를 볼 수 있다. 만약 죽은 후에 사체가 물속에 버려졌다면 허파 속에 식물플랑크톤이 들어 있지 않을 것이다.

플랑크톤의 불법 이민

수년 전에 미국 시애틀에 있는 위싱턴대학교의 한 과학자에게서 이메일을 받았다. 내용인즉 학교 주변 바다에 예전에는 없었던 동물플랑크
톤이 새로이 나타났는데,
불과 몇 년 사이에 그 숫자
가 엄청나게 늘었다는 것
이다. 그래서 그 종을 확인
해 봤더니 우리나라, 일본   △ 시애틀 항구.
등지에서 나타난다고 보고
되었다는 것이다. 그 요각류 동물플랑크톤은 우리나라 기
수 해역이나 연안 해역에 사는 종으로, 아마도 화물선의
밸러스트 물탱크에 실려 미국 서해안으로 가지 않았나 싶
었다. 이런 일은 이제 흔하게 일어난다. 미국에는 이민을
가서 어렵게 사는 우리 교포들이 많은데, 동물플랑크톤이
라도 그곳에 건너가서 세력을 넓히고 있다니 그다지 듣기
싫은 소식은 아니었다.

배는 안전하게 항해하기 위해 밸러스트(바닥짐)를 채
워야 한다. 예전에는 돌이나 쇠 같은 무거운 고체를 실었
으나 요새는 대신 바닷물을 채운다. 이때 플랑크톤이 배
안으로 들어간다. 그리고 다른 항구에서 짐을 싣기 우해

물을 버릴 때 밸러스트 탱크에 갇혀 있던 플랑크톤은 새로운 세계로 나오게 된다. 출입국 절차 없이 다른 나라로 이민을 가는 것이다. 이들 중에는 새로운 곳의 생태계를 파괴하는 종류도 있다. 우리나라에 없던 황소개구리나 파랑볼우럭(블루길)이 우리의 토종 생물을 잡아먹어 생태계를 파괴하는 것과 같은 이야기이다. 나라들 간에 선박 출입이 빈번해지면서 이렇게 다른 나라에서 유입된 생물로 인한 피해가 커지고 있다.

밸러스트 문제가 심각해지자 1990년 국제해사기구의 해양환경보호위원회는 밸러스트 문제를 논의하기 시작했다. 그리고 다음 해에는 선박 밸러스트수와 침전물을 내보내 원하지 않는 해양 생물이나 병원균이 유입되는 것을 방지하는 규정을 만들었다. 이후에도 연구와 논의를 계속하며 밸러스트 처리에 관한 규정을 만들고 있다. 여기에

▽ 왼쪽 밸러스트수를 배출하는 모습, 오른쪽 밸러스트수 안의 플랑크톤을 조사하는 모습.

는 생물이 비교적 적은 외해에서 바닷물을 교환하라는 내용과 밸러스트수 안에 들어 있는 생물을 없애기 위한 여과 · 열처리 · 화학처리 등에 대한 내용이 담겨 있다.

밸러스트수를 통해 다른 곳으로 들어가 생태계를 교란하는 가장 유명한 동물플랑크톤은 빗해파리다. 이들은 작은 동물플랑크톤을 게걸스럽게 잡아먹는 포식자로, 1970년대에 흑해로 유입된 후 이곳 생태계를 심각하게 파괴시켰다. 한편 북태평양에 살던 불가사리가 1980년대에 오스트레일리아로 유입되어 조개를 잡아먹는 바람에 그곳 패류 수산자원에 큰 타격을 입히기도 했다. 우리나라에도 전에 없었던 따개비 몇 종이 밸러스트수를 통해 들어온 것으로 알려져 있다.

새로운 자원, 남극새우

아직까지 본격적으로 개발이 안 된 수산자원 중에 남극새우라 불리는 크릴이 있다. 앞서 이 생물에 대해 설명했으나 여기서 더 많은 이야기를 들려주겠다. 크릴은 원래 노

△ 크릴

르웨이 선원들이 작은 물고
기란 뜻으로 사용했던 말이
다. 크릴*Euphausia superba*은 난
바다곤쟁이류에 속하는 것
으로 약 6센티미터까지 자라
며, 우리나라 주변 바다에
사는 난바다곤쟁이보다 3배
정도 크다.

한때 포경업으로 수염고래가 줄어들어 이들의 먹이인
크릴이 늘어나자, 구소련은 1960년 처음으로 크릴을 식
량 자원으로 개발하기 위해 시험 조업을 했다. 우리나라
는 1978년 네 차례에 걸쳐 시험적으로 조업한 바 있다.
1981~1982년 사이에 구소련은 100여 척, 일본은 14척의
트롤어선을 이용하여 약 50만 톤의 크릴을 잡았다. 국제
식량농업기구에 따르면 남극해의 크릴 자원량은 수억에
서 수십억 톤이라고 한다. 이 가운데 크릴 자원을 훼손하
지 않고 잡을 수 있는 양은 연간 1.5억 톤으로 추정된다.

크릴은 비타민이 풍부하다고 알려져 있지만, 새우보

다 맛이 떨어져 식품으로는 개발이 지지부진한 상태이다. 대신 양식 어류의 사료로 쓰이거나 낚시 미끼 등으로 이용한다. 최근에 크릴의 단백질을 추출하여 식품 원료로 사용하고, 껍데기는 키토산chitosan 원료로 활용하는 연구가 수행되었다. 키토산의 성분인 키틴chitin은 게, 새우 등 갑각류와 곤충의 껍데기에 많이 들어 있다. 이 물질은 식품·의약품·화장품·농약·종이의 재료가 되며, 인공 피부나 장기를 만들 때도 사용되는 등 그 활용 가치가 아주 높다. 바다에 사는 플랑크톤 중에는 우리가 그 가치를 미처 알지 못하는 귀중한 자원이 많을 것이다.

바다 속 UFO

연구나 강의를 할 때, 잘 모르는 플랑크톤이 나오면 UFO Unidentified Flying Object 이야기를 자주 한다. 우리는 하늘에서 밝은 빛을 내며 갑자기 나타났다가 순식간에 사라져 버리는 신출귀몰한 미확인비행물체를 UFO라고 한다. 물속에는 플랑크톤이 많고도 많아, 도대체 그 많은 플랑크톤의 이름을 다 알 수가 없다. 그래서 누가 플랑크톤 이름을 물었을 때 잘 모르면 그냥 UFO라며 당황스러운 순간을 모면한다. 플랑크톤에 사용하면 '미확인부유생물체UFO, Unidentified Floating Organism'가 되니 이름을 모르는 플랑크톤에는 제격인 셈이다. (물론 공식적으로 사용하는 말은 아니지만.) UFO는 하늘에서만 나타나는 것이 아닌 모양이다. 바다 속에서도 외계인이 몰고 온 UFO가 있었다고 하는데, 추측건대 빛을 내는 거대한 해파리였을 가능성이 높다.

신화 속 플랑크톤

해파리를 지칭하는 메두사Medusa는 그리스 신화에서 비롯되었다. 이 신화에 나오는 고르곤Gorgon은 멧돼지 이빨 같은 억세고 큰 이, 놋쇠 같은 거친 손, 뱀 같은 머리카락을 가진 흡사 괴물처럼 생긴 여인이다. 이 괴물 중에 메두사가 가장 유명하다. 메두사는 원래 아름다운 처녀였으며, 특히 그녀의 머리카락은 큰 자랑거리였다. 그러나 지혜의

여신 아테나Athena의 저주를 받아
아름다운 머리카락이 여러 마리
의 뱀으로 변해 버렸다. 해파리
의 촉수가 마치 이 뱀처럼 보이
기 때문에 메두사란 이름이 붙은

△ 신화 속 메두사.

것이다. 해파리가 물에서 평화롭게 춤을 추는 모습을 보
면 아름다운 머리카락을 나풀거리던 메두사의 예전 모습
이 연상된다.

　『오디세이』에는 율리시스가 트로이로부터 자기 왕국
인 이타카로 돌아가는 방랑기가 있다. 율리시스 일행은
귀향길에 키클롭스(사이클롭스)라는 거인족이 사는 나라
에 도착한다. 키클롭스라는 이름은 '둥근 눈'이라는 데서
유래했으며, 이 거인들은 이마 한가운데에 눈이 하나밖에

없다. 요각류 중에
는 사이클롭스cyclops
라는 것이 있는데,
머리 한가운데에 눈
이 하나 있어 생김

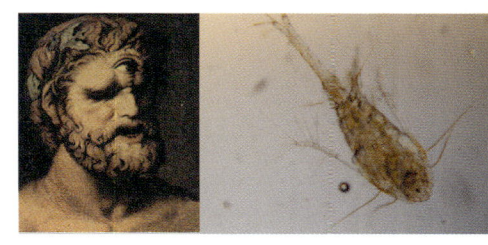
△ 왼쪽 신화 속 키클롭스, 오른쪽 요각류의 외눈.

새가 키클롭스를 연상시킨다. 다만 키클롭스는 거인이지
만 사이클롭스는 크기가 1밀리미터밖에 안 되는 아주 작
은 동물플랑크톤이라는 점이 다르다.

성경 속 플랑크톤

구약성서 「출애굽기」에는 강물이 붉게 물들었다는 기록
이 있다. 모세가 이집트 파라오와 그의 신하들 앞에서 지
팡이를 들어 나일강을 내려치자 강물이 온통 핏빛으로
변했다는 것이다. 그러자 강의 물고기가 죽고 물에서는
썩은 냄새가 나서 강물을 마실 수 없게 되었다. 이집트
땅에서 박해받던 이스라엘 사람들을 이집트에서 내보내
라고 파라오에게 요구했으나 파라오가 말을 듣지 않자,
모세가 이집트에 내린 첫 번째 재앙이었다. 과학적으로
판단해 볼 때 물이 붉게 변한 것은 지금 우리나라 연안에
서 흔히 일어나는 적조가 아니었을까 싶다. 물고기가 죽
고 물에서 썩은 냄새가 난 것도 적조와 비슷하다. 물론
당시에는 현미경이 없어 물속에 식물플랑크톤이 있다는

사실을 몰랐다. 적조를 일으키는 식물플랑크톤 대신 지팡이가 그 역할을 한 것이리라.

잠수함을 잡은 플랑크톤

1999년 10월, 우크라이나에서 플랑크톤을 연구하던 해양생물학자 네 명이 국가 기밀 누설죄로 체포된 사건이 있었다. 이들은 플랑크톤의 생물발광bioluminescence에 대한 연구를 하고 있었다. 생물발광은 살아 있는 생물이 내는 빛을 말한다. 앞서도 말했지만 플랑크톤 중에는 야광충처럼 빛을 내는 것이 많다. 그런데 이것이 국가 기밀과 무슨 관계가 있단 말인가?

야광충은 약한 물리적 자극에 의해서도 빛을 내는데, 배나 잠수함이 지나가면서 뒤에 남긴 물결만으로도 빛을 내기에 충분하다. 한편 이들이 내는 빛을 감지할 수 있는 센서들은 이미 개발되어 사용되고 있었다. 따라서 인공위성이나 비행기, 배 등을 이용하여 잠수함이 지나갈 때 플랑크톤이 내는 빛을 포착함으로써 잠수함의 위치를 찾는

△ 독일 U보트.

기술은 중요한 비밀이었다.

해전에서 발광 플랑크톤을 이용한 역사는 오래되었다. 1918년 11월, 독일의 U-34 잠수함은 플랑크톤이 내는 빛 때문에 지중해에서 발각되어 격침되었다. 제2차 세계대전 때 일본군은 생물 발광을 이용해 야간에 지도를 보았다고 한다. 지금도 플랑크톤의 발광을 이용하여 잠수함을 찾으려는 연구가 여러 나라에서 진행되고 있다. 그런 만큼 우크라이나 정부는 이들 해양생물학자들이 가지고 있던 연구 결과가 외부로 누출되는 것을 원하지 않았다.

잠수함의 잠수 깊이, 지리적인 위치나 항해 속도 등에 따라 플랑크톤의 발광 강도가 다를 것이고, 발광 플랑크톤의 분포에 따라서도 다를 수 있다. 그러므로 이러한 방법이 실전에 활용되기 위해서는 플랑크톤에 대한 많은 연구가 이루어져야 가능할 것이다.

원자력발전소를 멈춘 플랑크톤

1996년 9월에는 해파리 떼가 취수구로 몰려들어, 경상북도 울진 원자력발전소 2호기의 가동이 중지된 적이 있다. 그리고 1997년 2월에 울진 원자력발전소에서 또 이런 사고가 발생했다. 이번에는 난바다곤쟁이가 발전소 취수구로 몰려들었다.

원자력발전소는 뜨거워진 보일러를 식히기 위해 찬 바닷물을 끌어들인다. 냉각수로 사용되는 바닷물은 취수구 앞부분에 설치된 3중 여과 장치와 커다란 회전 스크린을 통과하면서, 그 속에 있는 생물과 쓰레기가 걸러진 후 냉각계통으로 들어가게 된다. 그런데 1~2센티미터의 난바다곤쟁이들이 여과 장치를 막는 바람에 물이 흐르지 못하고 회전 스크린 축이 부러져 사고가 일어난 것이다. 발전소는 두 달 뒤인 4월에도 똑같은 원인으로 또 가동이 중단되었다. 이처럼 크기가 작은 플랑크톤도 아주 많은 개체가 모이면 발전소 가동을 중지시킬 만한 위력을 발휘한다. 다수의 힘없는 민초들이 소수의 권력자에게 대항해 이루어낸 많은 역사적 사실과 다를 바 없다.

플랑크톤도 암에 걸린다

북미 대륙에는 호수라고 하기에는 너무나 큰, 오히려 바다 같은 호수 다섯 개가 있다. 이름하여 5대호. 그 중 하나인 미시간호에서 사람들을 깜짝 놀라게 하는 사건이 있었다. 미시간호의 생태학 연구와 수질오염 조사를 하던 과학자들이 이 호수에 살고 있는 갑각류 동물플랑크톤에서 악성종양을 발견한 것이다. 이 종양의 정확한 원인은

△ 미시간호

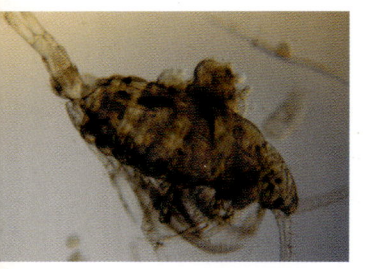

△ 요각류의 종양.

밝혀지지 않았지만 수질오염과 같은 환경 요인 때문이라고 추측하고 있다. 지난 1994년에 북유럽의 발트해에서 채집한 동물플랑크톤에서 종양이 발견되었다는 보고가 있기는 했다. 그러나 종양에서 암으로 가는 단계인 악성종양이 발견된 것은 미시간호에서 채집한 동물플랑크톤의 경우가 처음이다. 호수의 한가운데보다 수질오염이 심한 호숫가에서 채

집한 동물플랑크톤에서 악성종양이 더욱 많이 발견되어 수질오염이 동물플랑크톤에게 암을 유발한다는 추측을 낳게 되었다. 5대호 환경연구팀은 종양 발생이 자주 일어나는 수역을 대상으로 원인을 밝히기 위해 조사하고 있다.

중고차를 바다에 버리자

지구온난화global warming는 심각한 환경문제 중 하나이다. 기온이 점점 올라가 극지방에 있는 얼음이 녹아 버리고, 그 물이 바다로 흘러들어 해수면이 높아져 결국 바닷가의 도시들이 바닷물에 잠긴다. 사람들은 허둥지둥 고지대로 피난을 간다. 이는 지구온난화로 인한 최악의 환경 재앙을 가상한 시나리오이다. 지구온난화는 말 그대로 기온이 점점 올라가 지구가 더워지는 현상이다. 그 주범은 공장이나 차량에서 석유나 석

△ 지구온난화로 점점 녹고 있는 극지방 얼음.

탄, 천연가스 같은 화석연료를 태울 때 배출되는 이산화탄소이다. 지구 대기는 지표면에서 방출되는 에너지를 잘 흡수하여 지표면으로 재방출함으로써 지구를 보온한다. 이를 대기의 온실효과greenhouse effect라고 한다. 더운 여름날 창문을 닫아 놓은 자동차 안의 온도가 높게 올라가는 것도 같은 원리이다. 그런데 대기 중에 이산화탄소량이 늘어나면 온실효과가 커져서 지구의 기온이 올라가는 것이다.

지구온난화를 방지하기 위해서는 대기로 배출되는 이산화탄소의 증가를 막아야 한다. 이를 위해 화석연료를 덜 사용하고, 나무를 많이 심는 등 여러 해결책이 제시되었다. 그 가운데 하나가 바다에 무궁무진한 식물플랑크톤을 이용하자는 것이다. 식물플랑크톤은 여느 식물처럼 이산화탄소를 흡수하여 광합성을 하는데, 이들이 광합성을 많이 하면 그만큼 대기 중의 이산화탄소가 줄어든다. 바닷물에는 식물플랑크톤이 잘 자라는 데 필요한 영양염류 중에서 철분이 가장 부족한 것으로 알려져 있다. 그래서 바다에 철분을 집어넣으면 식물플랑크톤이 늘어나고 대기 중 이산화탄소량이 줄어들 것이라는 예측이 있었다.

미국 브룩헤븐국립연구소의 어느 해양학자는 중고차를 바다에 버리자는 의견을 내기도 했다. 실제로 미국 우즈 홀해양연구소의 해양학자들은 물에 많은 양의 황화철을 넣은 후 관찰한 결과 식물플랑크톤이 엄청나게 늘어난 사실을 확인했다. 그렇지만 문제는 이 식물플랑크톤이 다른 동물플랑크톤에게 먹히는 과정에서 다시 이산화탄소가 방출된다는 점이다. 어쨌든 바다에 있는 식물플랑크톤은 그 양이 엄청나기 때문에 이산화탄소의 양을 조절하는 데 중요한 역할을 할 것이다. 지구온난화 이론에 대해 부정적인 생각을 가지는 과학자도 있으나, 만약 최악의 시나리오처럼 재앙이 닥친다면 정말 큰일이다. 앞으로는 바다에서 지구온난화를 방지할 수 있는 묘안이 나오리라.

오존층 파괴와 플랑크톤

하늘에 구멍이 뚫렸다. 지구 대기권 중 높이 20~30킬로미터 부근에는 오존이 밀집된 오존층이 있다. 오존층은 태양으로부터 오는 해로운 자외선을 차단하는 역할을 한다. 그런데 남극 대륙 상공의 오존층이 파괴되면서 오존 구멍 ozone hole이 생겼다. 그리고 이로 인해 남극의 해양 생태계가 영향을 받을 수 있다는 연구 결과가 나왔다. 오존 구멍은 냉장고나 에어컨의 냉매로 쓰는 프레온가스 등에 의해 생긴다. 남극 상공의 오존 구멍이 커지면 지표면으로 들어오는 자외선이 증가하고, 그러면 바다에서 일차생산을 담당하는 식물플랑크톤이 영향을 받아 해양 생태계가 변하리라는 예측이다. 물론 오존이 해양 생태계에 미치는 영향이 심각하지 않다는 연구 결과도 있지만 말이다. 미국 스탠포드대학교 연구팀에 따르면, 오존 구멍이 생기기 전인 1978년과 오존 구멍이 커지던 1992년의 식물플랑크톤 일차생산량을 비교해 보았더니 이전보다 1퍼센트 정도 감소했다고 한다. 10퍼센트 이상 줄어들 것이라는 예측보다는 미미한 감소였다.

사람의 경우 자외선으로 인해 피부가 타고, 심하면 피부암이 생기기도 한다. 강한 자외선에 오래 노출되면 시력을 잃을 수도 있다. 이처럼 사람을 포함한 동물은 강한 자외선에 노출되면 면역 기능이 떨어져 각종 질병에 걸린다고 알려져 있다. 식물도 자외선에 민감하며, 쌀이나 콩 같

은 곡물의 수확량이 감소한다
는 연구 결과도 있다.

플랑크톤도 자외선이 증가
하면 피해를 입는다. 식물플랑
크톤이 피해를 입으면 이산화
탄소 흡수율이 떨어져 온실효
과가 커지므로 기온이 더 올라

△ 요각류의 붉은색 색소.

갈 수도 있다. 또한 식물플랑크톤을 먹고 사는 동물플랑
크톤도 감소하여 수산자원이 줄어들 것이다.

동물플랑크톤인 요각류의 경우 자외선이 증가하면 몸
속에 있는 붉은색 카로틴carotene 색소를 늘려 몸을 보호한
다고 한다. 최근에는 플랑크톤에서 추출한 이런 물질을
첨가한 자외선 차단 크림이 판매되고 있다.

엘니뇨와 플랑크톤

태평양 적도 부근에서는 무역풍에 의해 따뜻한 바닷물이
동쪽에서 서쪽으로 밀려간다. 그러면 태평양 동쪽에 위치

△ 태평양 적도.

한 페루 연안에서는 차가운 심층 바닷물이 솟아 올라온다. 이렇게 영양염류가 풍부한 찬 심층수가 올라오면 표층 식물플랑크톤의 양이 많아지고, 따라서 동물플랑크톤과 어류자원도 풍부해진다. 그러나 무역풍이 약해지면 따뜻한 바닷물이 동쪽으로 이동하여 동태평양과 중부 태평양 적도 부근의 해수면 온도가 평소보다 높아진다. 이러한 현상을 엘니뇨El Niño라고 한다. 엘니뇨는 주로 9월에서 다음 해 2월까지 발생하며, 2~7년마다 일어난다.

이때 동태평양 연안에서는 무역풍이 약해지면서 영양염류가 많은 심층수가 올라오지 못해 수산자원이 감소한다. 한편 육상에서도 비가 많이 내려 큰 홍수가 나는 등 기상이변이 일어나기도 한다.

엘니뇨는 스페인어로 '남자 아이'라는 뜻인데, 남미에 사는 어부들은 이 현상이 크리스마스 때쯤 발생하므로 아기 예수를 생각하며 이렇게 불렀다. 가장 심했던 엘니뇨는 1982~1983년 겨울에 발생한 것이다. 기상이변이 전 세계적으로 일어났고, 피해액만 미화 80억 달러(약 8조 원)에 달했다. 오스트레일리아에서는 가뭄이 들었고, 인도네시아와 필리핀에서는 농작물이 말라 죽었으며, 인디아와 스리랑카에서는 극심한 가뭄으로 식수 부족에 시달렸다. 타히티에서는 열대성 사이클론이 여섯 차례나 발생했고, 남아메리카에서는 어민이 큰 피해를 입었으며, 열대 태평양에서는 산호가 죽었다. 미국에서는 콜로라도강이 범람하여 홍수가 일어났고, 걸프만 연안에서는 폭우가 내렸다. 뿐만 아니라 페루와 에콰도르에서는 홍수와 산사태가, 아프리카 남부에서는 가뭄과 질병이 발생했다.

라니냐와 플랑크톤

엘니뇨와는 반대로 무역풍이 강해져서 동태평양 적도 부근의 바닷물 온도가 평소보다 더 낮아지는 현상을 라니냐 La Niña라고 한다. 라니냐는 스페인어로 '여자 아이'라는 뜻이다. 무역풍이 강해지면 적도 부근 동태평양 연안에서는 찬 심층수가 많이 올라온다. 즉, 영양염류가 많은 물이 해수면 가까이까지 올라와 식물플랑크톤이 증가하여 다른 해양 생물도 잘 자란다.

일반적으로 라니냐는 엘니뇨와 반대 영향을 일으킨다. 라니냐가 발생하면 동남아시아에서는 장마가, 남아메리카에서는 가뭄이 나타날 수 있다.

보석 닮은 요각류

플랑크톤은 하찮은 듯 느껴지지만, 물이 있는 곳이라면 어디서나 중요한 역할을 하는 존재이다. 우리가 맛있는 물고기를 먹을 수 있는 것도 다 플랑크톤 덕분이다. 식물플랑크톤이 광합성을 해서 영양분을 만들면 동물플랑크톤이 먹는다. 또 작은 물고기는 동물플랑크톤을 먹으며, 큰 물고기는 작은 물고기를 잡아먹고…… 플랑크톤이 있기에 바다생태계는 먹이사슬을 통해 건강하게 유지된다.

요각류 중에 사피리나 *Sapphirina*라는 종류가 있다. 날씬한 여느 요각류와 달리 몸이 납작하게 눌린 모습을 하고 있다. 얼핏 보면 나뭇잎사귀처럼 보이기도 한다. 그렇지만 사진에서 보듯이 여러 빛깔이 나는 오팔이라는 보석을 꼭 닮았다. 크기는 커 봐야 몇 밀리미터 정도로 아주 작지만, 화려하기로는 둘째가라면 서러워할 것이다. 바닷물 속에는 이처럼 신기한 플랑크톤이 아주 많다.

△ 보석 닮은 요각류 사피리나

사피리나는 사람들이 플랑크톤의 중요성을 알아주기 원하는 듯 보석처럼 빛나 우리 시선을 끈다. 우리 모두 플랑크톤에게 관심 어린 눈빛을 보내야 하지 않을까?

사진에 도움을 주신 분

_강성호 섬모충(62쪽), 유공충(64쪽).

_강정훈 독도 주변에서 볼 수 있는 동물플랑크톤(54쪽).

_강형구 빛을 내는 야광충(68쪽).

_김성 뱀장어의 치어, 작은 새우, 작은 오징어(52쪽), 꽁치알, 멸
       치알, 앨퉁이알, 여러 가지 어린 물고기(91쪽), 온누리호
       (108쪽).

_김억수 대형 해파리(16쪽), 여러 가지 해파리(70쪽 맨 위 두 개).

_노재훈 초미세 플랑크톤(15쪽), 트리코데스미움(26쪽), 규조류
        의 모습과 껍데기(42쪽), 석회비늘편모류(44쪽).

_박흥식 여러 가지 해파리(70쪽 맨 아래 두 개).

_송민옥 윤충류(78쪽).

_조규희 방산충(65쪽), 패충류(83쪽), 화살벌레(88쪽 왼쪽), 탈
        리아류에 속하는 돌리오럼(89쪽).

_AWI 독일 알프레드베게너연구소 칼라누스 핀마르키쿠스(25쪽).

_Waikiki Aquarium 와이키키 수족관 상자해파리(73쪽).

_WESTPAC/HAB 서태평양지역위원회 적조를 일으키지만 독성
             이 없는 플랑크톤(94쪽), 적조(98쪽).

참고문헌

김웅서, 『해양생물』, 대원사, 1997.

김웅서 · 제종길(편저), 『해양생물의 세계』, 한국해양연구소, 1998.

심재형 · 김웅서(역), 『동물플랑크톤 생태연구법』, 동화기술, 1996.

심재형 · 김웅서 등, 『플랑크톤 생태학』, 서울대학교출판부, 2003.

Boney, A. D., 『Phytoplankton』, Edward Arnold, 1989.

Marshall, S. M. & A. P. Orr., 『The Biology of a Marine Copepod』, Olver & Boyd, 1955.

Nybakken, J. W., 『Marine Biology』, An Ecological Approach. Addison Wesley Longman, Inc., 1997.

Ross, D. A., 『Introduction to Oceanography』, Harper Collins, 1995.

Sumich, J. L., 『Marine Life』, Wm. C. Brown Publishers, 1996.

Thurman, H. V., 『Essentials of Oceanography』, Merrill, 1987.

Wickstead, J. H., 『Marine Zooplankton』, Arnold, 1976.

자연 습지가 있는
한강하구

자연 습지가 있는 한강하구
황해와 한강의 생명이 깃든 곳

2011년 6월 28일 초판 1쇄 발행
지은이 한동욱, 김웅서

펴낸이 이원중 책임편집 김명희 디자인 정애경
펴낸곳 지성사 출판등록일 1993년 12월 9일 등록번호 제10 – 916호
주소 (121 – 829) 서울시 마포구 상수동 337 – 4 전화 (02) 335 – 5494~5 팩스 (02) 335 – 5496
홈페이지 www.jisungsa.co.kr 블로그 blog.naver.com/jisungsabook 이메일 jisungsa@hanmail.net
편집주간 김명희 편집팀 김찬 디자인팀 정애경

ⓒ 한동욱, 김웅서 2011

ISBN 978 - 89 - 7889 - 240 - 7 (04400)
ISBN 978 - 89 - 7889 - 168 - 4 (세트)

이 도서의 국립중앙도서관 출판시도서목록(CIP)은 e-CIP 홈페이지(http://www.nl.go.kr/ecip)와 국가자료공동
목록시스템(http://www.nl.go.kr/kolisnet)에서 이용하실 수 있습니다. (CIP제어번호:CIP2011002567)

자연 습지가 있는
한강하구

황해와 한강의 생명이 깃든 곳

한동욱
김웅서
지음

지성사

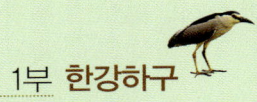

강과 바다가 만나는 곳, 곧 강어귀의 바다 쪽 입구를 하구river mouth라고 합니다. 하구를 포함하여 하구로 흘러드는 하천과 그 가지천지류들, 그리고 주변의 육지를 모두 아울러서 하구역estuary 이라 하고요. 강물과 바닷물이 섞이는 하구의 물은 염분이 강물 보다는 높고 바닷물보다는 낮아 '기수汽水'라고 구별해 부릅니 다. 강과 바다를 하구 둑으로 막지 않은 자연 하구에서는 강 하 류에서 앞바다까지 기수의 염분이 점차 높아지는 기수역 특유의 환경이 만들어집니다.

바다생물 중에는 이러한 기수역의 특성을 이용하는 종種들 이 있습니다. 이들은 기수역에서 민물에 적응하여 하천을 거슬 러 올라가 살다가 다시 바다로 돌아갈 때에는 기수역에서 짠물 에 적응한 뒤 바다로 갑니다. 그래서 기수역에서는 바다와 강을 오가며 생활하는 생물들을 만날 수 있습니다. 기수역에 사는 생 물은 바다에만 사는 바다생물이나 민물에만 사는 담수생물에 비해 종류가 다양하지는 않지만 양은 많은 편입니다. 강물과 바닷물이 섞이는 특별한 환경에 적응하는 생물의 종류는 적지만, 기수 속의 풍부한 유기물이 영양가 높은 먹이가 되므로 일단 이런 환경에 적응한 생물들은 그 수가 늘어나기 때문입니다. 그중에는 사람들이 좋아하는 물고기 종류가 많아서 어민들의 어업 활동도 활발하게 이루어집니다.

한강과 황해가 만나는 한강하구의 기수역이 바로 이 책의 주인공입니다. 독자 여러분은 이 책에서 우리나라의 큰 강 하구 가운데 하구 둑이 없는 유일한 자연 하구인 한강하구의 아름답고 건강한 생태계를 만나게 됩니다. 수십 년 동안 철책에 둘러싸여 있어 일반 사람들이 접근할 수 없었기에 더욱더 신비로운 모습들을 말입니다. 또 한강하구에 기대어 사는 한강의 어부들도 만날 수 있습니다. 한강하구의 습지와 기수역 생태계가 건강하게 보전되어 앞으로도 계속 이곳에서 어업 활동을 할 수 있기를 기원하는 한강 어민들의 다양한 노력과 마주하게 됩니다. 이 책은 한강하구의 자연과 생태계 특징을 꼼꼼히 살펴본 관찰서일 뿐만 아니라, 한강하구에 기대어 살아가는 한강 어부들의 삶의 기록이자 그들의 습지 사랑 활동 보고서이기도 합니다. 작지만 이 책을 통해 미래의 주인공인 청소년 여러분이 한강하구와 장항습지에 관심을 갖는 기회가 되었으면 하는 바람입니다.

『자연 습지가 있는 한강하구』를 출간할 수 있도록 여러모로 도움 주신 행주 어촌계 계원들께 특별한 감사의 마음을 전합니다. 이 책은 한국해양연구원이 지원한 '황해생태지역지원사업 YSESP, The Yellow Sea Ecoregion Support Project'을 통해 얻은 자료를 바탕으로 만들어졌음을 밝힙니다.

한동욱, 김웅서

1부
한강하구

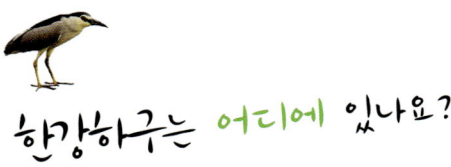

한강하구는 어디에 있나요?

서울에서 자유로를 따라 북쪽을 향해 달리다 보면 고양시와 김포시를 잇는 김포대교가 나서는데 그 아래로 작은 물막이 보가 보인다. 바로 '신곡수중보'이다. 이 수중보는 한강 주변의 농업용수를 확보하고, 선박이 운행하는 데 필요한 일정한 수심을 유지하며, 바닷물이 역류하는 것을 막기 위해 만들어졌다. 수중보를 기준으로 하류 방향으로는 황해 바닷물이 운반해 온 개흙과 토사가 쌓여 있는 곳이 군데군데 눈에 띄고, 강변에는 버드나무가 울창하게 자라 숲을 이루고 있다. 바로 이곳이 한강하구가 시작되는 장항습지이다.

신곡수중보 1988년 김포대교 아래에 완공된 약 1킬로미터 길이의 물막이 브

    한강하구의 습지는 아시아 지역의 3대 철새길 가운데 하나인 동아시아−대양주 이동경로East Asia−Australasia Flyway를 오가는 물새들에게는 중요한 곳이다. 먼저 두루미 종류의 주요 서식처로, 1980년대 초반에는 2000여 마리의 재두루미가 이곳에서 겨울을 나는 것이 확인되어 국제 사회에서 화제가 된 적도 있다. 지구상에 2000여 마리밖에 남지 않은 저어새의 번식지이자 멸종위기종인 큰기러기의 우리나라 최대 월동 장소이며, 역시 멸종위기종인 개리의 중간 기착지로도 국내외에 알려져 있다. 또한 청둥오리, 흰죽지, 쇠기러기, 갈매기 종류를 포함해서 연간 약 10만 마리 이상의 물

새들이 이곳을 찾아오고 있다. 이런 이유로 국제 조류 보호 단체인 '버드라이프 인터내셔널'이 아시아에서 '국제적으로 중요한 조류 서식처Important Bird Area, IBA'로 지정하였다.

한강하구의 또다른 의미는 한반도 남쪽에 마지막으로 남아 있는 큰 강의 자연 하구역으로, 우리나라에서 바닷물과 민물이 섞이는 기수역 생태계가 온전하게 남아 있는 유일한 곳이라는 점이다. 4대강으로 꼽히는 한강, 낙동강, 금강, 영산강 가운데 한강을 제외한 세 군데 강의 하구역에는 모두 하구 둑이 설치되어 있다. 그래서 강물에 들어 있는 유기물이 바다로 잘 빠져 나가지 못할 뿐만 아니라 알을 낳거나 먹이를 찾아 일정한 시기에 특정 지역으로 떼를 지어 옮겨 다니는 회유 물고기들, 갑각류, 연체동물들도 하구 둑에 길이 막혀 버렸다. 이들을 따라 바다와 강을 오가는 물새들의 주기적인 이동 역시 관찰하기가 어려워졌다. 또 민물과 바닷물이 섞인 특수한 환경에 살면서, 먹이사슬의 가장 아랫부분을 차지하며 기초생산자 역할을 하던 기수성 수생식물도 하구 환경이 바뀌면서 대부분 사라졌다. 이들 하구 환경에 비해 한강하구는 남북한의 군사적 대치라는 특수한 환경 덕분에 기수역 생태계가 보전되어 야생 동물과 식물의

한강하구

피난처가 되고 있다.

한강하구는 황해와 연결된 강어귀라서 바닷물의 움직임에 영향을 많이 받는다. 하루 2번 밀물이 들 때면 하구 가득 물이 들어차지만 썰물 때에는 물이 빠지면서 갯벌을 드러내는 역동적인 공간이자 그 범위도 상당히 넓다. 한강이 황해로 흘러 들어가기 전에 예성강과 만나는 강화도 앞바다, 임진강과 만나는 파주시 그리고 서울과 가까운 고양시, 김포시가 모두 한강하구와 맞닿아 있는 지역들이다. 따라서 넓게 보면 밀물의 영향을 받는 서울시의 한강 하류, 강화군,

옹진군, 인천 앞바다까지 한강하구 영역에 속한다고 할 수 있다.

　한강하구의 대부분 지역은 휴전선 남북으로 설정되어 있는 비무장지대처럼 사람의 출입이 제한되는 곳이다. 1960년대 초 북한군의 침입을 막기 위해 한강하구를 따라 철책이 둘러쳐지면서 사람들이 자유롭게 드나들기 어려워졌다. 민족의 아픈 역사 덕분에 한강하구는 자연생태가 비교적 잘 보전되고 하구의 모습을 고스란히 간직하게 된 셈이다. 이에 환경부는 2006년 4월 한강하구 수역, 주변 습초지, 습지숲, 갯벌 등을 포함하여 김포대교 밑 신곡수중보에서 강화도 북단의 숭뢰리까지를 '한강하구 습지보호지역'으로 지정하였다. 그보다 앞서 2000년 7월에는 문화재청이 멸종위기에 처한 저어새의 서식처로서 중요한 강화 갯벌을 천연기념물제419호로 지정하기도 하였다.

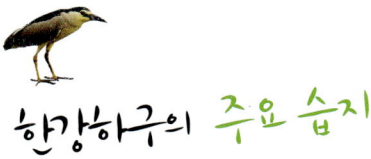

한강하구의 주요 습지

한강하구에는 바닷물의 영향을 덜 받는 기수 상부에서 바닷물의 영향을 많이 받는 기수 하부까지 길고 넓은 기수역을 따라서 다양한 특징을 갖는 습지들이 펼쳐져 있다.

한강하구의 대표 습지라 할 수 있는 장항습지는 밀물 때 바닷물이 강 쪽으로 가장 많이 올라오는 기수역 최상부 구간에 자리 잡고 있다. 기수역에 위치하는 장항습지는 밀물과 썰물에 따라 큰 차이를 보이는데, 썰물 때가 되면 갯벌이 드러나 게와 갯지렁이들을 만날 수 있다. 한편 강가에는 버드나무와 같은 나무들이 큰 숲을 이루고 있다. 이렇듯 물을 좋

한강하구의 주요 습지

아하기는 하지만 엄연히 육상식물인 버드나무와 바닷가 갯
벌에 사는 게가 함께 어우러져 살아가는 기수역의 숲을 하구
습지 숲이라고 한다. 하구 습지 숲에는 바닷가에서나 볼 수
있는 조수 간만의 차가 나타나지만, 이곳을 흐르는 물은 소
금기가 많지 않아 평균 염분이 3.5퍼센트 염분은 바닷물 1킬로그램에

녹아 있는 총 염류의 그램 수로, 예전에는 단위로 퍼밀(‰)을 사용하였으나 최근에는 바닷물의 전기전도도를 추정하여 실용염분단위(psu)를 사용한다. 다만 이 책에서는 독자들에게 친숙한 퍼센트로 염분을 표시했다.인 바닷물보다 훨씬 낮아 0.05 퍼센트 정도까지 옅어지므로 거의 민물이라고 할 수 있다.

장항습지의 버드나무 숲에는 선버들이 가장 넓게 자리를 잡고 있으며, 그 나무 아래에는 말똥게가 집을 짓고 사는 아주 독특한 생태계가 형성되어 있다. 버드나무 숲 주변으로는 갈대가 무성하게 숲을 이루고, 새들의 먹이가 되는 새섬매자기나 세모고랭이 같은 사초과 식물들이 자라는 습지가 있다. 이와 같이 초본식물들이 자라는 습지를 소택지marsh라고 한다.

산남습지는 경기도 고양시 구산동과 파주시 산남리에 자리 잡고 있는 습지로, 한강하구의 기수역 중간쯤에 있다. 이미 약 100헥타르1제곱킬로미터 정도 면적의 넓은 습지가 논으로 바뀌었지만, 아직도 갈대는 물론이고 옥수수꽃을 닮은 모새달과 같은 바닷가 습지식물들이 큰 군락을 이루며 살고 있다.

좀 더 바다 쪽으로 내려가면 곡릉천하구습지와 성동습지가 오두산을 사이에 두고 나란히 자리 잡고 있다. 곡릉천하구습지는 파주시 송촌리 송촌대교 아래 반달 모양의 습지와 갯벌로, 재두루미가 찾아와 겨울을 나는 곳으로 유명하였다. 산남습지에서 곡릉천하구습지까지는 재두루미 도래지로서 천연기념물제250호로 지정되어 있다. 그러나 한강 상류에 댐이 건설되면서 수위가 안정되어 강의 범람이 줄어들자 재두루미의 먹이 식물인 새섬매자기는 줄고 갈대가 무성해지면서 이곳을 찾아오는 새들의 수가 급격히 줄어들고 있다.

성동습지는 임진강하구에 발달한 삼각주와 갯벌을 말하는데, 파주시 성동리와 대동리의 강가에 발달한 소택지와 농경지, 한강하구와 임진강하구가 만나는 수역을 포함한다. 특히 파주시 대동리 지역에는 새섬매자기 순군락한 종의 식물로만 이루어진 군락이 초원처럼 드넓게 펼쳐져 있으며, 멸종위기종 조류인 개리의 중요한 서식처이기도 하다.

바다 쪽으로 조금 더 내려가다 보면 강화군과 김포시의 경계에 유도라는 무인도가 있고 그 아래쪽으로는 예성강하구와 강화갯벌이 넓게 펼쳐져 있다. 이곳은 멸종위기종인 저어새의 번식지이자 중요한 먹이터이다. 저어새는 강화군과 옹진군에 딸려 있는 무인도에서 번식하며 얕은 갯벌과 논에서 먹이를 구하는 한강하구의 지표종이다.

한강하구 기수역 습지의 구분

김포시와 강화군의 경계에 있는 유도에서 한강은 끝나지만, 한 강하구는 김포대교 밑 신곡수중보에서 시작하여 강화 앞바다까 지 이어지며 넓은 기수역을 가진다. 이 지역은 기수역의 원형을 유지하고 있는 자연 하구로서 학술적 가치도 높다. 한강하구의 기수역 구간은 식생을 기준으로 상부, 중부, 하부로 뚜렷하게 구 별된다.

　기수역의 상부 구간은 고양시 장항동에서 구산동 지역과 김포 시 향산리~누산리 지역, 기수역 중부 구간은 파주시 산남리~ 신촌리 지역, 김포시 전류리~석탄리 지역, 기수역 하부 구간은 파주시 송촌리~만우리 지역과 김포시 후평리~시암리 지역으 로 자연스럽게 나뉜다. 기수역 상부 구간에는 버드나무 숲선버들 군락이 있고, 기수역 중부 구간에는 갈대밭갈대와 모새달 군락이 있으 며, 기수역 하부 구간에는 하구 염생식물새섬매자기 군락이 주로 자 란다. 또 기수역 상부보다 위쪽은 민물 구간, 기수역 하부보다 아래쪽은 염습지 구간으로 구분한다.

성동습지

꼭룽천하구습지

산남습지

장항습지

한강하구의 기수역 범위 ❶ 민물 구간 ❷ 기수역 상부 구간 ❸ 기수역 중부 구간
❹ 기수역 하부 구간 ❺ 하구 염습지 구간

✔기수역 상부의 버드나무 군락

버드나무 숲에는 7미터 내외의 아교목인 선버들이 가장 넓게 자리를 잡아 군락을 이루고 있으며, 그보다 키가 큰 버드나무가 큰 키나무층을 이루고 키가 작은 키버들과 갯버들은 숲 가장자리를 차지하고 있다. 이곳은 버드나무 숲 안까지 조수 간만에 따라 물이 드나드는데, 물이 들 때는 버드나무 뿌리가 물에 잠기지만 물이 빠지면 뭍으로 드러나는 하구 습지 숲이다.

　이러한 습지 환경에서 굴을 파고 살아가는 말똥게는 버드나무와 공생 관계를 유지한다. 말똥게는 버드나무의 잎과 낙엽을 먹을 뿐 아니라 버드나무에 기대어 그 뿌리 부근에 집굴을 짓는다. 말똥게들이 먹이를 먹고 분해하여 배출하는 배설물은 버드나무에게는 비료가 되고, 여러 갈래로 뚫어 놓은 굴은 뿌리의 호흡을 원활하게 돕는다. 이와 같은 버드나무 숲의 버드나무와 말똥게의 공생 관계는, 열대나 아열대 지방의 바닷가에 있는 맹그로브 숲의 맹그로브게와 맹그로브 사이의 관계와 매우 유사하다.

✔기수역 중부의 모새달과 갈대 군락

모새달은 바닷물이 영향을 미치는 기수역에 자라는 식물로, 대부분 지역에서 갈대와 함께 자란다. 최근 생육지가 크게 줄어들고 있어서 산림청에서 희귀식물로 지정해 보호하고 있다. 주로 민물의 영향을 지속적으로 받는 바닷가에 자라는데, 상대적으로 갈대보다는 건조한 곳을 좋아한다. 모새달은 한강하구 기수역 중부 지역에서도 주로 갈대와 경쟁을 하는데, 경쟁에 밀려 점차 생육지가 줄어드는 데 비해 갈대의 영역은 점점 넓어지고 있다.

✔ 기수역 하부의 새섬매자기 군락

새섬매자기는 바닷물과 민물이 만나는 기수역 하부의 고유 식물로, 주로 고니, 재두루미, 개리와 같은 큰 물새들의 먹이가 된다. 장항습지에서 성동습지까지 한강하구 습지 전체에 걸쳐 자라는데, 특히 기수역 하부인 성동습지에 대규모 군락을 이루고 있다.

새섬매자기는 가을철에 녹말이 풍부한 땅속줄기^{지하경}를 만들어 겨울을 나고 이듬해 봄에 새싹을 내는데, 이 땅속줄기가 이곳에서 겨울을 나는 물새들의 영양분이 된다. 새섬매자기는 부드러운 개흙과 고운 모래 토양에서 자라기 때문에 부리가 길고 주로 땅속을 파는 습성이 있는 개리, 재두루미와 같은 새들에게 봄과 가을에 먹이원이 되고 있다.

하구 습지 숲, 장항습지

장항습지는 고양시 신평동, 장항동, 송포동에 걸쳐 있으며 지리적으로는 위도 37° 38′ 17″, 경도 126° 45′ 47″에 있다. 이 습지의 수질은, 평소 염분이 0.3~0.5퍼센트이며 비가 많이 오는 시기에는 0.05퍼센트까지 떨어져 거의 민물에 가깝다. 밀물과 썰물의 최대 조차는 415센티미터이고, 조류의 속도는 초속 194~364센티미터이다. 참고로 한강하구의 타다 쪽 갯벌인 강화도 지역에서는 조차가 810센티미터에 이른다. 습지의 길이는 7.6킬로미터이고 면적은 버드나무 숲과 갯벌을 포함하여 7.49제곱킬로미터이다. 선버들이 자라는

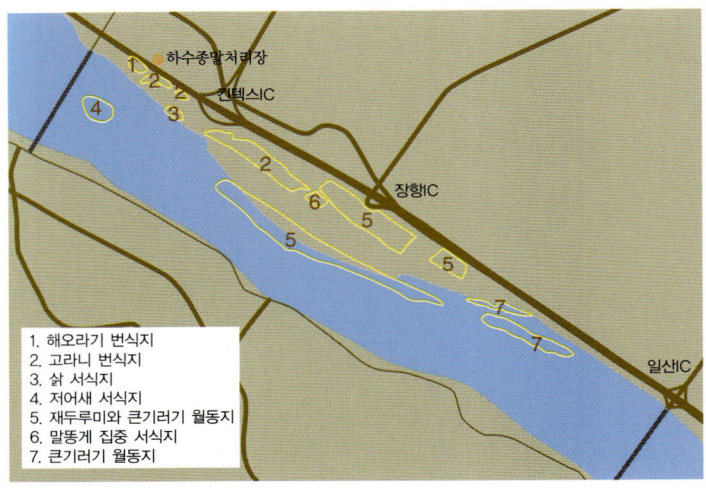

1. 해오라기 번식지
2. 고라니 번식지
3. 삵 서식지
4. 저어새 서식지
5. 재두루미와 큰기러기 월동지
6. 말똥게 집중 서식지
7. 큰기러기 월동지

장항습지의 야생동물 서식처

　습지 숲은 약 2.7제곱킬로미터이며, 갯벌과 수면부 면적은 4.79제곱킬로미터이다. 습지 안에는 약 0.25제곱미터의 논이 있고 소형 선착장도 3개나 있으며, 작은 저수지 역할을 겸하는 큰 수로가 여러 개 발달해 있다.

　이와 같이 서식지 환경이 다양하면 여러 종류의 생물이 살 수 있어서 생물다양성도 높다. 앞에서 이야기했듯이 장항습지는 호주나 뉴질랜드에서 우리나라를 거쳐 시베리아로 이동하는 철새들이 중간에 쉬어가는 곳이라서 계절마다 다양한 철새가 찾아온다. 장항습지는 기러기나 두루미 종류에게는 겨울을 나는 월동지이고, 개리에게는 번식지나 월동지로 이동하다가 봄, 가을로 쉬어가는 중간 기착지이다. 저어새도 번식기에는 장항습지에 머물면서 먹이를 구한다. 철새들 외에도 사계절 내내 고라니와 삵, 너구리 같은 포유류가 깃들어 살고 있다.

또한 장항습지의 버드나무 숲은 생태적 의미 외에 이곳의 어민들에게는 다 자란 뱀장어^{성만장어}를 잡는 데 없어서는 안 되는 중요한 '어부림'의 역할도 한다. 한강의 어부들은 장항습지에서 뱀장어를 잡으며 살아가지만 습지와 자연을 훼손하는 것이 아니라 지혜롭게 이용하며 살고 있다.

장항습지의 사계절
왼쪽 위부터 봄, 여름, 가을, 겨울의 모습이다.

장항습지의 버드나무 숲 생태계

밀물과 썰물의 영향을 받는 한강하구의 버드나무 숲은 밀물 때에는 뿌리 부분이 1미터까지 잠기기도 한다. 물이 빠지면 버드나무 밑에 구멍을 파고 사는 말똥게 무리가 먹이 활동을 시작한다. 잡식성인 말똥게는 축축한 개흙 속의 낙엽이나 죽은 물고기, 곤충, 갯지렁이 등을 먹는데 때때로 자기보다 작은 동족을 잡아먹기도 한다. 이들은 바다로 나가지 않고 버드나무 숲 안팎에서 번식하고 성장한다.

　게들은 버드나무의 뿌리까지 게 구멍을 파고 들어가는데 그 구멍들은 서로 연결되어 있어서 자연스럽게 버드나무 뿌리에 공기를 공급하게 된다. 이는 흙 속의 지렁이가 굴을 파는 덕분에 땅이 굳지 않고 포슬포슬해지는 것과 같은 효과로, 밭을 간다는 뜻의 '기경起耕효과'라고 한다. 말똥게에게 버드나무의 어린 싹이나 생잎, 낙엽 그리고 갈대의 여린 잎은 중요한 먹이이다. 게들은 식물의 잎을 직접 찢어서 먹기도 하고 흙 속에 묻혀 있으면 흙과 함께 먹었다가 배설하므로, 숲에 쌓여 있는 유기물을 분해하는 역할도 하는 셈이다.

버드나무 숲의 만조와 간조 버드나무 숲 안으로 하루 2번 밀물이 들어오면 독특한 습지 숲이 된다(위). 간조 때 집밖으로 나온 말똥게(아래 왼쪽)와 버드나무 뿌리까지 이어진 말똥게 구멍(아래 오른쪽)

한강하구의 대표 습지, 장항습지의 변화

장항습지는 1980년대까지는 강 안의 섬_{하중도}이었으며 제주 초도라고 불렸다. 섬의 일부는 농사를 짓던 논이었고 그 외 지역은 버드나무 숲과 갯벌이었다. 그러나 신곡수중보를 만들고 자유로를 건설하기 위해 강에서 모래를 채취하면서 강 안의 섬은 사라졌다. 시간이 흐르면서 그 일부가 자연스럽게 복원되어 지금의 강변 습지가 되었다.

　장항습지가 없어졌다가 자연적으로 복원된 것은 한강, 임진강, 예성강에서 강물을 따라 흘러내려 온 모래가 밀물의 영향을 받아 다시 강 쪽으로 올라오면서 강변과 강 가운데에 쌓였기 때문이다. 대부분의 모래톱은 강 가운데 생겨서 주기적으로 물에 잠긴다. 그러나 장항습지는 자유로가 강 가운데 있던 섬을 두 부분으로 나누며 건설되어 강변에 붙은 모양이 되었고, 신곡수중보가 물의 흐름을 방해하면서 퇴적이 빨라져 물에 잠기지 않을 만큼 지대가 점점 높아져서 지금처럼 버드나무가 자라는 습지의 모습을 갖추게 되었다.

어떤 사람들은 장항습지가 신곡수중보를 만들고 나서 생겨났다고 주장하기도 한다. 또 이러한 주장을 근거로 해서 새로 생겨난 습지가 한강하구의 물 흐름을 방해하므로 파내야 한다는 논리를 펴는 사람들도 있다. 과연 장항습지는 신곡수중보 때문에 새로 생겨난 땅일까? 이 지역의 1916년 지도_{조선총독부 제작}, 1974년 지도_{국립지리원 제작}, 1987년 지도_{국토지리정보원 제작}를 비교해 보면 쉽게 확인할 수 있다.

1916년 지도에는 난지도가 상당히 큰 섬으로 표시되어 있고, 지금의 장항습지 부근에 큰 섬_{하중도}도 보인다. 고양시 방면에는 좁은 수로가 그려져 있지만 김포시에는 제법 큰 강줄기가 있다. 또 장항습지 아래쪽에는 안쪽으로 휘어져 들어간 지형이 보여 흙과 모래가 많이 쌓인 모래톱이 있었던 것을 짐작할 수 있다. 이 지역의 강변 부분은 지금의 일산 신도시 안쪽으로 휘어져 들어가 여러 수로와 연결되어 있다. 이곳 모래톱에는 바닷물이 드나들었을 것이고 주기적으로 물이 넘쳤을 테니까 염생식물이나 새섬매자기와 같은 기수성 식물들만이 살아남았을 것이라 여겨진다.

60여 년이 지난 1974년 지도를 보면 장항습지의 모습은 확연히 달라져 있다. 제방을 쌓아서 논을 만들었을 뿐만 아니라 적극적으로 개간하여 대부분의 땅이 논으로 바뀌었다. 장항평야 또는 장항벌이라 부를 수 있는 지금의 자유로 주변 농지가 만들어진 것이다. 육지 쪽으로 휘어져 들어가 크게 자리 잡았던 장항습지가 60여 년 만에 사라지고 대신 강 가운데 큰 하중도^{강 안의 섬}가 생겼다. 이는 신곡수중보를 설치한 것과는 관계없는 일이다. 사람들이 적극적으로 토지를 이용하기 위해 장항습지를 논으로 바꾸자, 강이 넘칠 때면 모래와 흙을 쌓아 올리던 범람원을 잃어버린 한강이 스스로 강 가운데에 토사를 쌓아 올려서 생긴 것이다. 고양 사람들은 새로 생긴 이 섬을 사미섬^{제주초도}이라 부르고, 김포 쪽에 치우친 작은 섬은 백마도라고 하였다.

한강종합개발사업이 끝난 1986년 이후에 만들어진 지도에는 어떤 변화가 생겼을까? 신곡수중보가 완성되고 나서 얼마 후에 자유로 공사를 시작하였다. 자유로는 흙으로 엉성하게 쌓여 있던 제방을 콘크리트 옹벽으로 바꾼 셈이 되었으며, 강 안의 섬이었던 사미섬을 완전히 준설하여 그 토사를 자유로와 일산 신도시의 건설용 골재로 사용하였다. 이로써 한강하구의 장항습지 흔적은 지도상에서 완전히 사라지고 만다. 1990년대 중반의 일이었다. 1987년도에 측정한 자료를 2004년도에 보정한 지도에는, 장항습지가 다시 표시되고 '압도'라고 이름 붙인 섬도 보인다.

지도에서 1990년대 중반의 장항습지 모습을 찾아볼 수는 없지만, 지역 주민들의 증언을 들어 보면 사미섬에는 습초지가 있어 그곳에 버드나무가 자랐고 섬 안에서 농사를 짓는 사람들도 있었다고 한다. 또 겨울이면 오리와 기러기 같은 철새들이 엄청나게 몰려왔다고 한다. 결국 자유로와 일산 신도시를 건설하기 위해 사미섬을 준설한 후에 자유로 가장자리에 남아 있던 압도라는 작은 섬이 커져서 습초지가 되고 이곳에 버드나무가 자라기 시작한 것이 1990년대 후반쯤이고, 1999년에 일부 습초지와 버드나무 숲을 없애그 농사를 짓기 시작한 것이 지금의 장항습지 안의 농경지이다.

지도상의 자료들을 바탕으로 장항습지의 변화를 정리

해 보면, 원래 큰 강 안의 섬_{하중도}의 형태였던 땅이 제방을 만들면서 논으로 바뀌었다. 그러나 범람원이 일부 다시 생성되어 사미섬과 백마도가 되었다. 사미섬의 흙을 파내어 건설 공사에 사용하여 섬은 없어졌으나 압도라는 자유로 가장자리의 작은 섬이 점차 커져서 현재의 장항습지가 된 것이다.

장항습지의 자연적 복원에는 신곡수중보를 비롯해서 자유로 건설, 하중도 준설 등이 복합적으로 영향을 미쳤다는 것을 알 수 있다. 이러한 인위적 간섭은 원래 범람원이었던 강 안의 모래섬을 풀이 자라는 습초지로 바꾸었고, 이후에는 자연스럽게 식생의 천이가 일어나 현재의 버드나무 숲이 되었다. 예로부터 사람들은 습지를 여러모로 다양하게 이용해 왔다. 끊임없이 매워 논이나 양식장 등으로 사용하거나 집이나 공장 같은 건물을 짓기도 하였다. 그런데 다행스럽게도 교란되었던 습지가 스스로 회복할 수 있는 능력이 생기면 원래 모습대로는 아니어도 습지의 형태로 되돌아간다. 이러한 자연의 성질을 '회복 탄력성'이라고 한다. 장항습지가 이러한 경우로, 인간이 자연을 교란시켰는데 훼손된 자연이 스스로를 원래 모습에 가깝게 회복시킨 것이다. 이는 습지가 완전히 파괴되거나 습지가 아닌 곳에 사람들이 일부러 만든 인공 습지와는 근본적으로 다른 것으로, 장항습지는 자연이 스스로 복원한 천연 습지이다.

2부
한강하구의 전통 어업

한강하구의 전통 어선과 어구

한강하구의 옛 어업 풍경은 겸재 정선의 진경산수화에서도 찾아볼 수 있다. 겸재의 그림을 보면 행주산성 주변은 물이 돌아나가는 곳으로 호수같이 깊어 보이는데, 그 위에 황포 돛배와 작은 나룻배들이 선단을 이루어 떠 있다. 조선시대에도 한강에서 고기잡이를 하였음을 보여 준다.

또 비교적 최근인 남북 분단 전까지도 황해에서 바닷물의 조석현상을 따라 한강하구 깊숙이까지 배가 들어왔으며, 적당한 물때를 기다리며 배들이 쉬어갈 수 있도록 서해안에서 서울까지 곳곳에 나루터가 만들어져 있었다. 나루

근대 한강의 경관과 어선들 1. 마포나루 2. 용산진 3. 난지도의 낚거루 4. 한강에 띄운 나룻배

터는 규모에 따라 진津이나 도渡를 붙여 불렀다. 이곳에 국가나 관청에서 배치한 나룻배를 각각 진선津船 또는 도선渡船이라 하였다. 이러한 관선官船 외에도 개인 소유의 각종 나룻배들이 있었다. 이들 나룻배는 한강하구에서 주로 고기를 잡거나 물건을 운반할 때 사용되었으며, 강 건너 논밭으로 농사를 지으러 가거나 장을 보고 학교에 갈 때에는 중요한 교통수단이 되었다. 배를 타는 손님들이 마을 사람들이

다 보니 뱃삯은 모았다가 추수 때에 곡식으로 한꺼번에 내기도 하였다.

남북이 분단된 이후에는 한강하구 기수역에서 고기잡이가 금지되었다. 세월이 흐르면서 그곳에서 사용하던 전통 어선과 어구, 그리고 어업 방식 등은 대부분 없어지거나 잊혀졌다. 다행히 한국민속전통견지협회가 과거의 어선과 어구 등을 복원하려는 노력을 하고 있다. 현재까지 알려진 이 지역의 전통 어선은 황포돛배와 낚거루가 있고, 어구로는 견지와 뭉칫대가 있다.

| 낚거루와 뭉칫대

낚시를 하기 위해 지어진 배란 뜻의 낚거루는 대동강과 한강 등지에서 고기를 잡는 데 사용하던 작은 배이다. 이 배를 타고 견지라는 낚시대로 물고기 잡는 것을 통틀어 '견지낚시'라고 한다.

낚거루

한강하구는 계절마다 강을 거슬러 올라 회유하는 물고기의 종이 다르며, 황해의 조석 간만 차이에 영향을 받아 물의 깊이가 수시로 바뀌는 곳이므로 고기를 잡는 도구^{어구}도 이러한 환경에 맞추어 만들어졌다.

그중 현재까지 어부들 사이에 전해 내려오는 도구가 '뭉 칫대'이다. 뭉칫대는 전통적인 장어잡이 도구로, 강에 쾌를 띄우고 길이가 5~6미터 정도 되는 봉 끝에 지렁이를 명주실 에 꿰어 강물 속에 담가 뱀장어를 유인한다. 뱀장어가 물면 재빨리 봉을 배 위로 끌어올린다. 이때 사용하는 봉이 뭉칫 대이고, 이렇게 고기 잡는 방식을 뭉치질이라고 한다. 뭉칫 대로는 뒤틀림이 없으며 가벼운 참죽나무나 삼나무를 사용 하였다. 참죽나무는 향이 좋아 후각

이 예민한 뱀장어를 잡는 데 효과가 좋았을 것이라 생 각된다.

뭉칫대

우리나라의 전통 어업

✔ 지인망

갓후리라고도 하는 지인망 어법은 경사가 완만하고 바다 밑바닥이 평탄한 해안에서 주로 이루어진다. 배를 타고 양 날개 끝에 끌줄이 달린 그물을 입구가 모두 육지 쪽으로 향하도록 바다에 던져 넣는다. 여러 사람이 육지에 서서 그물 양 날개의 끌줄을 잡고 육지 쪽으로 끌어당겨 그물 안으로 들어간 고기를 잡는 방식이다. 요즘에는 거의 사용하지 않지만 예전에는 전 세계에서 가장 널리 쓰였던 고기잡이 방법이다. 이 지인망 어법으로 잡을 수 있는 어종은 주로 멸치, 숭어, 농어 등과 같은 연안성 어류이다.

✔ 도수낚시

맨손낚시, 손낚시라고도 하며, 낚싯대를 사용하지 않고 맨손으로 낚싯줄을 잡고 고기를 낚는다. 낚싯줄을 잡은 손의 감각에 의존해 낚시를 하므로 예민한 사람은 작은 물고기가 걸려도 알지만 그렇지 못한 사람은 고기가 잡혀도 모를 수 있다. 그물이나 다른 방법으로 잡는 것보다 물고기에 상처가 덜 나므로 비싸게 팔 수 있다. 요즈음은 어부들이 하는 경우는 드물고, 주로 일반인들이 체험 낚시나 관광 낚시를 할 때 이용한다.

✔죽방렴

대나무 어사리라고도 하는데, 조선시대에는 방전이라 하였다. 조수 간만의 차가 큰 해역에서 주로 사용하며, 지방마다 날개 그물의 규모나 원통의 모양이 다르다. 조수 간만의 차가 크고 물살이 세며 수심이 얕은 갯벌에서는 V자 모양으로 만든다. 참나무 말뚝을 V자 모양으로 박은 뒤 대나무로 그물을 엮어 물고기가 한번 들어오면 V자 끝에 설치된 불

경상남도 남해에 설치된 죽방렴

룩한 임통에 갇혀 빠져 나가지 못하게 한다. 임통은 밀물 때는 열리고 썰물 때는 닫히게 되어 있다.

죽방렴에서 잡은 멸치는 죽방멸치라고 해서 최상품으로 팔린다.

✔독살

해안에 돌을 쌓은 독살에 갇힌 물고기를 잡는 어법이다. 밀물 때 바닷물을 따라 들어왔던 물고기 떼가 썰물이 되어 바닷물이 빠질 때 미처 따라 나가지 못하고 돌담독살에 갇힌다. 바닷물이 나가더라도 늘 일정한 양의 바닷물이 돌담 안에 고여 있어서 연못과 같은 역할을 한다. 제주도와 남해안, 서해안을 따라서 북쪽까지 독살 문화가 발달하였다. 지역에 따라 독살, 돌발, 돌살이라 달리 불리는데, 모두 '돌그물'이란 뜻이다.

하구 어업의 대명사 '뱀장어'

뱀장어*Anguilla japonica*는 '뱀처럼 긴 물고기'라고 하여 붙여진 이름이다. 지역에 따라서는 민물장어, 드물장어, 구무장어, 궁장어, 밈장어, 배무장우, 배암장어, 뱀종어, 장어, 짱어, 비암치, 참장어 등으로 달리 불린다. 특히 물이 빠지면 갯벌 속으로 숨는 뱀장어의 습성을 따서, 전라남도 고흥 지방에 서는 늦은 가을 개흙뻘 속에서 잡히는 맛 좋은 뱀장어를 '뻘 두적'이라고도 한다. 또한 영어로는 eel, 일본어로는 우나 기ウナギ, 중국어로는 만위鰻魚 또는 만리鰻鱺, 바이산白鱔이라 고 한다.

뱀장어는 강으로 거슬러 올라와 알을 낳는 연어와는 반대로 먼바다로 나가 산란을 한다. 봄이 되면 어린 실뱀장어는 우리나라 강 하구로 돌아와 잠깐 적응 시간을 가진 뒤에 강으로 거슬러 올라가 민물에서 생의 대부분을 보낸다. 이와 같이 민물에서 오랫동안 생활한다고 하여 '민물장어'라고도 한다. 뱀장어가 바닷물과 민물을 왔다 갔다 하면서도 살아남을 수 있는 것은 생리적으로 삼투압을 조절할 스 있기 때문이다. 즉, 물속의 소금기 농도가 달라지면 이에 맞추어 몸속 체액의 소금기 농도를 조절할 수 있다. 이를 삼투압 조절이라고 하며, 이러한 능력 때문에 염분이 다른 환경에서도 살아갈 수 있다.

뱀장어는 자라서 알을 낳을 때가 되면 바다로 나가서 한 번 산란을 하고 죽는 것으로 알려져 있으나, 성숙한 알을 품은 어미 뱀장어가 잡힌 적이 없어 직접 확인하지 못하고 있었다. 그래서 뱀장어가 어디에서 산란하는지도 밝혀진 것이 없었다. 오랫동안 많은 어류학자들이 동북아시아 ㅈ 역에 서식하는 뱀장어를 끈질기게 조사한 끝에, 1990년대에 들어와서 겨우 뱀장어 산란장이 어렴풋이 밝혀졌으며 2009년에야 성숙한 뱀장어와 알이 발견되었다.

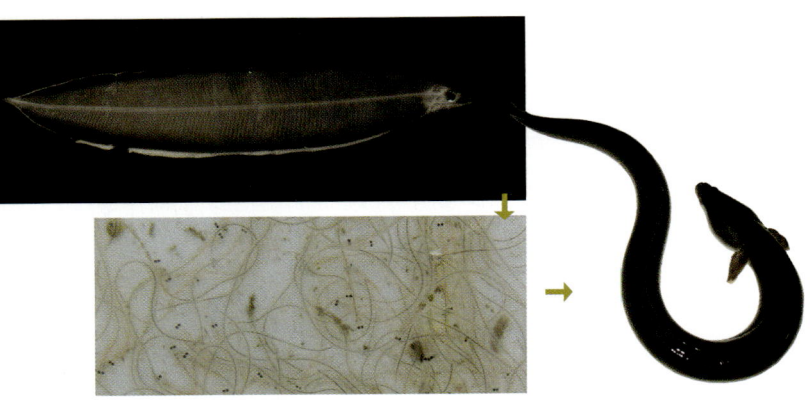

갓 부화한 렙토세팔루스(왼쪽 위)를 거쳐 가는 원통 모양의 실뱀장어(왼쪽 아래)가 되었다가 성체(오른쪽)로 자란다.

　　우리나라에 서식하는 뱀장어는 북위 15도, 동경 140도 부근의 마리아나 열도 서쪽의 태평양에서 부화한다. 알에서 갓 깨어난 유어幼魚인 '렙토세팔루스leptocephalus'는 투명한 대나무 잎처럼 생겼다고 해서 '댓잎뱀장어'라고도 불린다. 이 형태로 북적도 해류를 따라 서쪽으로 이동하여 북서태평양에서 우리나라 쪽으로 흐르는 따뜻한 쿠로시오 해류를 따라 6~12개월 동안 약 3000킬로미터의 긴 여행을 해서 아시아 대륙 가까이 이르면 납작했던 몸은 원통 모양으로 바뀐다. 이때부터 몸에 색소가 형성되기 시작하며, 몸통이 실처럼 가

늘고 길다고 해서 흔히 '실
뱀장어glass eel'라고 부른다.

실뱀장어는 각각 중국,
우리나라, 일본 연안을 지나
서 하구로 들어와 강을 거슬
러 올라와 어른이 될 때까지
성장한다. 타이완과 일본 남
부에는 12월, 제주도와 양쯔
강 하구에는 1월, 우리나라
남해안에는 2월, 서해안에는
3월 무렵 도착해 각각 약 3개

뱀장어의 회유

월에 걸쳐 강으로 거슬러 올라온다. 이들은 밀물을 따라 하구
에서 강으로 들어오고 썰물 때는 개흙 속에 들어가 있는 것으
로 알려져 있다. 실뱀장어는 조석 간만의 차가 큰 보름이나
그믐 무렵에 강을 거슬러 오르는데, 이들의 강오름은 물의 온
도, 염분, 그리고 풍속과 같은 날씨 변동 등에 영향을 받는다
고 한다.

그러나 뱀장어가 이렇게 먼 거리를 어떻게 여행하는지
는 여전히 신비에 싸여 있다. 어린 뱀장어가 수만 년 동안의

경험으로 해류를 잘 이용해서 현재와 같은 회유 경로를 갖게 되었을 것이라고 미루어 짐작할 뿐이다. 만약 지구온난화 등으로 기후에 변화가 생겨서 해류의 흐름이 바뀌면 실뱀장어들은 우리나라 연안까지 못 올 수도 있다. 실제로 2010년 봄에는 우리나라 하구를 거슬러 올라온 실뱀장어의 수가 급격히 줄었는데, 이는 전 지구적 기상 이변과 기후 변화 때문이라는 주장이 있다.

뱀장어는 부화하고 나서 2년이 될 때까지 암수를 구별하기 어렵다. 몸색도 환경이나 성숙한 정도에 따라 달라진다. 자연에서 자란 뱀장어는 등과 배 쪽이 약간 노란색을 띠는 데 비해 양식한 것은 등이 검고 배 쪽은 하얗다. 또한 민물에서 생활할 때는 배 부분이 노란색을 띠고, 가을10~11월에 산란하러 바다로 내려갈 때에는 배 쪽이 은색을 띠어 각각 '황뱀장어yellow eel'와 '은뱀장어silver eel'라고 구분해 부를 정도이다. 여름철과 같이 물의 온도가 섭씨 20~32도 정도를 유지할 때에는 새우, 게, 곤충 등을 잡아먹으며 활발하게 먹이 활동을 하지만, 수온이 내려가면 식욕이 줄고 활동성도 확연하게 떨어진다. 물의 온도가 10도 이하로 내려가는 겨울에는 거의 먹이를 먹지 않고 진흙 속에 파묻혀 지낸다. 이렇게 민물에서 평균 5~7년 동안 생활하다가 성숙해지면 자신이 태어난 바다로 내려간다. 그러나 기록에 의하면 우리나라에서는 최고 17년생 뱀장어가 발견된 적이 있어서, 뱀장어가 민물에서 생활하는 기간을 반드시 지키는 것 같지는 않다. 바다로 간 뱀장어는 알을 낳은 후에 죽는 것으로 짐작하고 있다.

그런데 하구에 건설된 둑은 바다와 강을 오가며 생활하는 어류들에게는 큰 난관이 아닐 수 없다. 뱀장어도 예외는 아니어서 어린 실뱀장어는 바다에서 강으로 올라올 수 없고(강오름), 산란을 하러 바다로 나가는 어미 뱀장어도 강을 내려갈 수 없게 된다(강내림). 바다로 나가는 뱀장어의 수가 줄어들면 산란하는 알의 양도 줄어든다. 알의 양이 줄어들면 당연히 이듬해 하구로 돌아오는 실뱀장어 수가 줄어서 뱀장어의 수가 줄어드는 악순환이 되풀이된다. 이러한 악순환을 줄이려면 강과 바다를 오가며 생활하는 생물들이 자유롭게 오갈 수 있도록 강 하구에 건설된 둑 같은 장애물을 없어 강과 바다의 생태계를 자연스럽게 연결시켜 주어야 한다. 그래야 우리 강을 찾아 오르는 뱀장어도 오랫동안 볼 수 있을 것이다.

버드나무 숲의 뱀장어 물골(왼쪽)과 뱀장어잡이용 그물(오른쪽)

　　장항습지의 버드나무 숲으로 물이 많이 들어오는 장마 때가 되면 한강하구의 어부들은 뱀장어 그물을 놓는다. 물골을 따라 설치한 그물 속에 큼지막한 뱀장어가 펄떡이면 어부들의 주름이 하나씩 펴진다. 하구 습지 숲으로 뱀장어들이 들어오는 것은 먹이를 따라 들어오기도 하지만, 연어가 모천 회귀할 때에 하천 바닥에 쌓인 나뭇잎 냄새를 맡고 돌아오듯이 후각에 의한 본능일 수도 있다고 한다. 아직 과학적으로 밝히지 못한 숙제이기는 하지만 작은 실마리라도 놓치지 않는 세심함이 필요하다. 분명히 뱀장어와 한강하구의 버드나무 숲은 깊은 연관성이 있다. 자연 하구인 장항습지가 이를 밝힐 수 있는 단서를 제공하는 하구 숲이 되어줄 것이다.

뱀장어를 이용한 일본의 습지 보전

일본 이바라키 현茨城縣의 가스미가우라 호 유역에서는 지역 주민들이 앞장서서 하구 둑 때문에 훼손된 습지를 되살려 뱀장어 잡이를 복원하는 노력이 활발하게 진행되고 있다.

가스미가우라 호는 농업용수를 얻기 위해 하구를 막아 조성한 인공 호수이다. 그런데 호수를 만드는 과정에서 하구 습지들이 사라지고, 공사 전 여름이면 장관을 이루던 노랑어리연꽃일본명 아사자을 비롯하여 뱀장어 같은 습지생물들이 대부분 자취를 감추었다. 이에 주민들은 황폐해진 경관을 되살리기 위해 호수 주변에 노랑어리연꽃을 심는 일부터 시작하였다. 노랑어리연꽃 단지를 조성하려면 습지 복원이 먼저 이루어져야 하므로, 수문을 열어 수위를 낮춰 침수된 습지를 되살리자는 수문 열기 시민운동도 전개되었다.

이러한 활동으로 호수의 수질은 개선되고 바다와 강을 오르내리는 뱀장어가 돌아오는 등 하구 생태계가 살아나자 이 운동에 동참하는 시민의 수도 늘어났다. 바다에서 호수로 들어온 뱀장어가 소하천을 따라 논이나 숲의 연못까지 올라온다는 사실이

가스미가우라 호에 사는 뱀장어(왼쪽)와 뱀장어 홍보 팸플릿(오른쪽)

시민들의 연구로 밝혀지면서 이들 생태계를 연결하려는 움직임도 일었다. 이러한 활동은 시민과학자^{전공한 것은 아니지만 지역에서 꾸준히 과학적 연구를 한 지역 전문가}들이 중심이 되어 이끌었다. 이곳의 일이 언론에 보도되자 하구 보전 운동은 일본 전역으로 퍼져나갔다고 한다.

단절되었던 하구가 바다와 연결되면서 자취를 감추었던 뱀장어가 돌아오고 이와 관련된 어업 활동도 활발해졌다. 나아가 주민들은 뱀장어를 이용한 전통 음식을 복원하여 이를 상품화함으로써 소득을 높이는 등 점차 하구 지역공동체 복원운동으로 자리 잡아 갔다. 지금은 지역의 학교, 기관, 기업들도 동참하는 시민형 공공사업으로 발전하였으며, 일본 정부도 적극적으로 지원하고 있다고 한다. 노랑어리연꽃 심기는 물론이고 전통 어업 방식의 복원, 생물모니터링 등이 활발하게 이루어지고 있다. 특히 노인들과 함께 이 지역의 과거 환경을 조사하고, 에도 시대에 발간된 농업 서적을 연구해 전통 방식들을 복원하여 활용하는 등 활발한 활동이 지금도 진행되고 있다.

가스미가우라 호 지역 주민들이 펼친 아사자프로젝트는 노랑어리연꽃 심기, 뱀장어 회유로 복원, 지역의 공동체 복원, 전통 문화 복원까지 아우르는 하구 습지 복원운동이 되었다. 이 운동의 촉매제가 된 뱀장어는 자연과 지역 주민의 삶을 연결하는 가교이자, 하구 지역에서는 없어서는 안 되는 깃대종이다. 우리나라 하천의 하구도 일본과 마찬가지로 대부분 단절되어 있다. 뱀장어 회유로 복원을 시작으로 하구 복원, 나아가 지역 경제와 환경을 재생시켜 가는 일본의 아사자프로젝트와, 전통적인 방법으로 장항습지를 지키며 뱀장어를 잡는 한강하구 어부들의 뱀장어 잡이 방법은 단절된 하구를 복원시키는 데 본보기가 될 수 있을 것이다. 바다와 연결되지 못하고 단절되어 신음하는 우리나라의 하구를 복원하는 데 가스미가우라 호와 장항습지가 좋은 교과서가 되길 기대한다.

3부
한강하구의 사람들

한강하구의 어부들

  '한강의 마지막 어부' 들인 행주 어촌계의 계원은 32명이며, 한강 방면 22척, 장항 방면 10척으로 모두 32척의 선박을 가지고 있다. 이들은 한강하구의 장항습지와 고양시 행주외동 일대에서 대를 이어 고기잡이를 하고 있다. 또한 장항습지를 보호해야 자신들이 이곳에서 어업 활동을 지속적으로 할 수 있다는 사실을 잘 알고 있어서 습지를 보호하기 위한 여러 가지 일도 하고 있다.

  행주 어촌계 어부들의 하루는 물이 드나드는 시간에 맞추어져 있다. 만조와 간조 시간에 맞추어 그물을 내리고 올

한강하구 어부들의 하루 그물을 강으로 내리기 위해 손질하고(왼쪽), 그물 가득 잡아 올린 물고기를 분류하고 있다(가운데). 이들이 물고기를 팔러 가는 새벽 어판장(오른쪽)

리기 때문에 생활 주기가 해가 뜨고 지는 시간에 맞추어 살아가는 일반 사람들과는 다르다. 한강하구의 물때는 인천 앞바다보다 2시간 이상 늦기 때문에 서해안의 어부들보다 일과가 2시간 늦게 시작되어 그만큼 늦게 끝난다.

고기잡이의 시작은 그물을 강에 내리면서 시작된다. 어부마다 각자 정해진 구간 안에서만 배를 타고 이동하며 그물을 드리운다. 어부들은 그물을 내리고 하루나 이틀이 지난 뒤에 거둬들인다. 그물에는 황해와 한강을 오가는 물고기들이 가득 들어 있다. 작은 배에 물고기가 한가득 들면 어부들의 마음은 한없이 풍요로워진다. 잉어, 숭어, 가숭어 등은 일 년 내내 잡히고, 보리 패는 봄에는 황복과 실뱀장어,

장마철에는 뱀장어, 초여름에는 웅어, 가을에는 참게를 주로 잡는다. 상품 가치가 있어서 팔 수 있는 물고기들을 가려서 따로 나누어 놓고, 크기가 작거나 값이 나가지 않는 것은 도로 놓아 준다. 그래서 고기잡이 배 근처에는 어부들이 놓아 준 물고기를 노리는 민물가마우지, 왜가리, 갈매기들이 늘 따라 다닌다. 특히 팔뚝만 한 누치는 새들에게 아주 좋은 먹잇감이다.

이곳에서 잡힌 물고기들은 노량진 어시장으로 보내진다. 모두가 잠든 새벽부터 활동을 시작하는 어시장은 그 어디보다 활기찬 곳이자 어민들의 고된 노동이 평가받고 보상받는 곳이다. 한강하구에서 잡힌 물고기들은 맛이 좋고 신선해서 시장 상인들에게는 인기가 좋은 편이다. 그러나 일반 소비자들에게는 잘 알려지지 않아서 임진강에서 잡힌 물고기들과 섞여 팔리고 있다.

어부들의 습지 사랑

| 장항습지 물골 내기

장항습지의 어부들은 장마철을 전후하여 뱀장어잡이를 시작한다. 밀물 때 습지 숲으로 들어오는 뱀장어를 그물로 잡기 위해 물길에 그물을 친다. 그러나 물길의 입구이자 밀물과 썰물의 흐름이 세찬 물골은 바다로부터 밀려오는 개흙이 쌓여 막히기 일쑤이다. 어부들은 자주 막힌 물골을 뚫고 끊어진 물길을 이어 준다. 이러한 어부들의 활동은 습지가 육지로 변하는 것을 막아 주며, 물이 잘 드나들 수 있도록 하여 다양한 수생생물들이 살 수 있는 터전을 마련해 주는 역

한강하구의 어부들이 막히거나 개흙이 쌓인 것을 걷어내 물골을 내고 있다(왼쪽). 만조 때에 버드나무 숲으로 밀물이 밀려 들어오고 있다(오른쪽).

할도 한다.

그물을 더 많이 칠 욕심으로 원래 물골이 아닌 곳을 파헤치기도 해서 습지 훼손이라는 비난을 받은 적이 있었다. 그래서 이곳의 어부들은 자연적인 물골의 개수만큼만 그물을 설치하고 각각 고유 번호를 붙여서 직접 물골과 그물을 맡아 관리하자고 의견을 모았다. 그러면 막힌 물골이 생겼을 때만 물골을 뚫고 물길을 연결해 그물을 관리하게 될 테니까 환경을 파괴한다는 비난을 듣지 않아도 되기 때문이다. 회의에서 어부들이 모두 동의해서 지금은 잘 지켜지고 있다. 이 방법은 습지를 보호하면서 어민들이 뱀장어도 잡

뱀장어잡이 그물이 쳐져 있고(왼쪽), 표지판이 뱀장어 그물이 있다는 것을 알리고 있다(오른쪽).

을 수 있기 때문에, 자연을 보호하면서 어민들의 수익도 보장하는 습지 관리법으로 자리 잡았다. 또 이곳의 어민들은 자연을 훼손하지 않으면서 뱀장어를 잡던 전통적인 어업 방식을 복원할 계획도 세우고 있다. 전통 뱀장어잡이 어구 등을 복원함으로써 습지도 보호하고, 이곳을 찾아오는 사람들이 직접 뱀장어를 잡아보는 체험도 할 수 있도록 하는 것이다. 어민들로서는 수익도 올리고 자신들의 삶의 터전인 장항습지도 보호하는 일석이조의 계획이다.

장항습지의 버드나무 군락지는 밀물 때는 물이 밀려 들어와 잠기고 썰물 때는 숲이 드러나는 전형적인 하구 습지형 숲이다. 물이 들어왔다가 빠져나가면 나무 아래에 굴을 뚫고 사는 말똥게가 먹이를 찾아 나선다. 물이 드는 어귀에는 펄콩게가 펄 속의 먹이를 먹으러 나와 있고 물이 고인 웅덩이에는 밀물 때 따라 들어온 물고기가 헤엄을 치고 있다. 웅덩이 주변으로 참게가 바삐 돌아다닌다. 이런 먹잇감을 놓칠세라 평소에는 경계심이 많아 숲 안으로 잘 들어오지 않는 저어새가 물골을 따라 숲 깊숙이 들어온다. 물골 근처에서는 삵과 너구리같은 포식자도 말똥게나 오리를 노리고 있다. 고라니도 버드나무의 부드러운 새싹을 먹으러 숲으로 들어온다.

만약 어부들이 막힌 물골을 뚫지 않아서 물길이 끊긴다면 장항습지 버드나무 숲의 이러한 풍경은 어떻게 변할까? 물이 들지 않는 버드나무 숲은 습지가 줄어 건조해질 테고, 그렇게 되면 지금까지 이곳에 둥지를 틀었던 습지생물들은 물을 찾아 떠나거나 식물의 경우에는 개체 수가 줄어들 것이다. 습지생물들이 살지 않는 마른 땅으로 점점 바뀌어 육상 식물과 외래 식물들이 무성하게 자리를 잡게 되고, 결국 숲은 더욱더 건조해져 습초지는 사라지게 될 것이다.

이러한 과정을 예상해 보면 어민들이 뱀장어를 잡기 위

버드나무 숲 물골에 들어온 말똥게(왼쪽)와 물골을 거니는 저어새(오른쪽)

해 물골을 트고 물길을 내는 일은 단순한 어로 행위가 아니라 버드나무 숲이 건조해지는 것을 막고 이곳에 터를 잡은 수생생물이 사라지지 않도록 하는 생태계 지킴이 역할까지 하는 것이다.

| 생태계를 위협하는 외래 식물 제거와 정화 활동

장항습지의 생태계를 위협하는 외래종 식물로는 단풍잎돼지풀과 가시박이 있다. 단풍잎돼지풀은 사람들이 많이 다니는 포장되지 않은 길을 따라 습지 가장자리에 자리를 잡는다. 번식과 성장 속도가 빨라서 습지식물의 생육지를 빠르

어민들의 정화 활동 어촌계 어민들이 단풍잎돼지풀, 가시박 같은 생태계를 위협하는 외래 식물을 뽑아내고 있다(왼쪽). 어민들이 버려진 어구를 치우거나(가운데) 강을 따라 흘러내려온 폐기물들을 걷어 내고(오른쪽) 있다.

게 점령한다. 그래서 꽃가루가 날리는 6월 전에 뿌리까지 완전히 뽑아서 없애야 한다.

가시박은 열매와 잎에 억센 가시가 나 있어서 버드나무를 타고 올라간다. 나무를 덮은 가시박은 빛을 막아서 버드나무를 죽게 만든다. 단풍잎돼지풀처럼 습지 가장자리의 포장되지 않은 길을 따라 왕성하게 번식하므로 가시박 역시 열매 맺기 전에 뿌리째 뽑아 주어야 한다.

행주 어촌계 어민들은 시민들과 함께 육지에서 떠내려오거나 바다에서 밀려온 쓰레기를 치우는 일도 게을리 하지 않는다. 한강하구의 장항습지는 장마철이면 한강에서 떠내려 온 엄청난 양의 쓰레기로 뒤덮이기 일쑤이다. 이렇게 쌓인 쓰레기들은 장항습지에 살고 있는 동물과 식물들을 위협한다. 말똥게와 펄콩게의 구멍을 막거나 먹이 구할 곳을 더럽혀 그들의 삶의 터전을 송두리째 빼앗기도 하고, 버려진 그물에 다리가 걸려 도요새나 고라니가 다치거나 심할 때는 죽는 일도 심심찮게 일어난다. 또한 물고기를 잡기 위해 쳐놓은 어망에 쓰레기가 걸려 그물이 찢어지거나 무게를 이기지 못하고 떠내려 가 버려 어민들에게도 막대한 피해를 입힌다. 이렇듯 한강하구에 쌓인 쓰레기들은 생태계는 물론 이곳 어민들의 생활에도 나쁜 영향을 미치기 때문에 한강하구 어부들의 노력에 더해 근본적인 대책 마련이 필요하다.

환경부 지정 생태계 교란 야생식물

환경부에서는 자연 생태계의 균형을 유지하는 데 해로운 영향을 끼칠 우려가 있는 단풍잎돼지풀, 가시박 등 11종의 야생식물을 「야생동식물보호법」에서 '생태계 교란 야생식물'로 지정하고, 자연환경에 풀어 놓거나 심는 것을 철저히 막고 있다.

✔**단풍잎돼지풀**(국화과) Buffalo-Weed/Great ragweed, *Ambrosia trifida*

장항습지의 대표적인 외래 식물로, 미국에서 들어온 한해살이풀이다. 땅속줄기를 얕게 뻗어서 뿌리째 쉽게 뽑힌다. 줄기는 곧게 서며 가지가 갈라지고 센털이 나 있으며 높이는 1~2.5미터까지 자란다. 잎 가장자리에 톱니가 있다. 생장 속도가 빠르며 환경이 훼손된 지역에 잘 자라는데, 씨앗을 많이 내어 한꺼번에 개체 수가 폭발적으로 나타나 빠르게 성장하기 때문에 다른 식물이 자랄 수 없어 서식지를 단순화시킨다. 꽃가루는 꽃가루 알레르기화분병를 일으킨다.

✔**가시박**(박과) Bur cucumber/Star cucumber, *Sicyos angulatus*

북아메리카가 원산인 외래 식물로, 한해살이풀이다. 줄기는 4~8미터 길이로 뻗는데, 덩굴손이 있어서 다른 물체를 감고 오른다.

손바닥 모양의 잎은 잎자루가 있으
며 줄기에 어긋난다. 꽃은 6~8월에
피는데 연록색이다. 장항습지에서는
주로 버드나무를 타고 올라 버드나
무 성장에 영향을 끼친다.

　생태계 교란 야생식물은 이들 외에 돼지풀*Ambrosia artemisiaefolia*,
서양등골나물*Eupatorium rugosum*, 털물참새피*Paspalum distichum* var.
indutum, 물참새피*Paspalum distichum*, 양미역취*Solidago altissima*, 애기수
영*Rumex acetosella*, 도깨비가지*Solanum carolinense*, 서양금혼초*Hypochoeris
radicata*, 미국쑥부쟁이*Aster pilosus* 등이 있다.

생태계 교란 야생식물 돼지풀, 서양등골나물, 털물참새피, 물참새피, 양미역취, 애
기수영, 도깨비가지, 서양금혼초, 미국쑥부쟁이

어부들의 재두루미 사랑

장항습지에서는 매년 재두루미가 평균 150여 마리가 겨울을 났다. 그러나 최근에는 해마다 조금씩 그 수가 줄어들고 있다. 아마도 일산대교의 건설과 신도시 개발, 그리고 한강 바닥에 쌓인 모래나 흙을 파내는 준설 작업 같은 공사가 벌어지고, 그 때문에 하천가의 습지식물과 김포 농경지가 줄어 새들이 먹이를 찾지 못하는 등 서식지가 줄어든 영향이 클 것이다. 그래서 먹이를 구하지 못한 채 힘겹게 겨울을 나는 재두루미를 위하여 자연적인 먹이 식물의 복원과 함께 겨울철이면 새 먹이주기 행사가 장항습지에서 진행된다.

재두루미의 주요 먹이는 원래 이 지역에서 자라던 새섬매자기라는 사초과에 속하는 한해살이풀이다. 작은 감자 같은 덩이줄기를 땅속에 달고 있어서 겨울철이면 재두루미에게 좋은 영양분을 제공해 준다. 그런데 한강에 다리와 자유로를 건설하면서 이곳의 지형이 바뀌어 새섬매자기의 개체수는 줄고 대신 그 자리를 갈대와 버드나무들이 차지하게 되었다. 자연 먹이가 줄어든 재두루미를 위해서 환경부와 습지 연구자들이 새섬매자기의 생육지를 넓히는 작업을 꾸준히 시도하고 있으며, 행주 어촌계 어부들도 적극적으로 동참하고 있다. 새섬매자기가 이곳에 자라게 하려면 높아진 수변부를 낮추어 물이 잘 들도록 해야 하는데, 이 일을 어부들이 맡아 하고 있다. 물골을 내고 물웅덩이를 만들어 주어 새섬매자기가 자라기 좋은 환경을 만들고 있다.

더불어 자연 먹이가 절대적으로 부족한 한겨울에는 사람들이 재두루미의 먹이를 뿌려 보충해 준다. 먹이로는 볍씨를 주로 주는데, 장항습지에서 재배한 볍씨를 거두었다가 매일 아침 사람들이 조를 나누어 뿌려 준다. 물론 어민들도 함께하고 있다. 볍씨는 논에 뭉텅이로 뭉쳐 놓지 않고 얇게 펼쳐서 골고루 뿌려 준다. 볍씨를 몇 군데 뭉쳐 놓으면 주변에

행주어촌계 어민들이 재두루미에게 먹이를 주기 위해 볍씨를 벌판에 흩어 놓고 있다.

서 겨울을 나는 수만 마리의 오리나 기러기 떼가 먼저 와서
먹어 치워 재두루미는 볍씨를 구경도 못하기 때문이다. 수적
으로 불리한 재두루미까지 와서 먹을 수 있도록 조금 귀찮더
라도 사람들은 새의 먹이를 일일이 손으로 흩어 놓는다.

　　겨울철 재두루미 먹이주기 활동에 참여한 어부들은 새

먹이를 준 후 장항습지로 날아든 큰기러기, 재두루미, 황오리 무리

들에게 먹이를 주면서 습지와 철새에 대한 인식이 바뀌었다고 한다. 전에는 장항습지가 자신들만의 생활 터전이라 생각했는데, 이제는 재두루미와 같은 멸종위기 생물종을 포함한 다양한 동식물과 함께 나누는 공간이라는 사실을 깨닫게 되었다. 한강하구에서 벌어지는 각종 개발 사업으로부터 새들의 서식처를 지키는 것이 곧 자신들의 삶터를 지키는 일이라는 사실을 알아가고 있는 것이다.

❘ 어부들과 함께하는 새섬매자기 복원 프로젝트

새섬매자기는 강물과 바닷물이 섞이는 하구 기수역에 자라는 염생식물이다. 이 식물은 하구역에서 월동하는 고니, 재두루미, 개리와 같은 겨울 철새들의 중요한 먹이 중의 하나이

새섬매자기 군락(왼쪽)과 씨앗(오른쪽)

다. 새들은 겨울철이면 땅속에 있는 새섬매자기의 저장 줄기
인 덩이줄기괴경를 파서 먹고, 이른 봄에는 새싹을 따 먹는다.

　　예전부터 한강하구 지역에는 새섬매자기가 넓게 군락을
이루고 있었는데, 최근 환경이 변하면서 그 넓이가 급격히
줄어들었다. 그래서 매년 겨울 찾아오는 철새들의 먹이가 부
족해질 것을 염려하여 이 식물에 대한 복원 연구가 활발하게
진행되고 있다. 어민들도 새섬매자기 생육지 복원에 적극적
으로 참여하고 있다. 높아진 물골을 낮추고 변형된 지형을
원래대로 복구해서 습지에 물이 원활하게 드나들 수 있도록
할 뿐만 아니라, 새섬매자기 씨앗을 심어 놓은 지역으로 흘
러드는 쓰레기를 치우는 등 서식 환경을 좋게 만드는 일들을
하고 있다.

4부
한강하구의 생물들

한강하구의 물고기들

대부분의 물고기는 민물이나 바닷물 중 어느 한곳에서만 살기 마련이다. 둘 중 어느 한곳에 적응했기 때문이다. 그러나 몇몇 종류의 물고기는 짠물인 바다와 민물인 강을 오가며 생활하기도 한다. 그래서 물고기를 분류할 때 적응해 살아가는 물의 성질에 따라 구분하기도 한다.

피라미와 메기처럼 순수한 민물에서만 자라고 염분이 조금이라도 섞인 물에서는 살지 못하는 물고기를 1차 담수어라고 하고, 송사리와 같이 민물에 살지만 때로는 염분이 있는 물에도 적응해 생활하는 종류를 2차 담수어라고 한다.

빙어, 산천어, 열목어와 같이 원래 바다에 살던 종이 민물에 적응하여 민물에서만 살게 된 종류는 '육봉담수어'라고 구분한다. 그런데 한곳에 정착해 그곳에 적응해 사는 물고기들과는 달리 민물과 바닷물을 오가며 사는 물고기도 있어서 이를 '왕복성 어류'라고 한다.

왕복성 어류는 알을 낳는 장소로 이동해 가는 방향을 기준으로 강하성 어류와 소하성 어류로 다시 나뉜다. 예를 들어 뱀장어, 무태장어와 같이 민물에 살다가 바다로 내려가는 물고기는 강하성^{강내림} 어류이고, 연어, 송어, 큰가시고기, 황복, 칠성장어, 뱅어 등과 같이 바다에서 성장해 생활하다가 민물로 거슬러 올라와 알을 낳는 물고기는 소하성^{강오름} 어류이다. 그리고 은어, 숭어, 웅어, 한둑중개, 모치망둑, 갈문망둑, 검정망둑, 꾹저구 등과 같이 민물과 바닷물이 만나는 기수역에서 알을 낳고 사는 물고기는 양측성 어류라고 한다. 강하성 어류이든 소하성 어류이든 이들처럼 회유하는 물고기는 몸속의 염분을 조절하기 위해 기수역에서 일정한 시간 동안 적응하고 조절하는 과정을 거친다.

장항습지 수역에 서식하는 물고기들

국명	과명	학명
가시납지리	잉어과	*Acheilognathus chankaensis*
강주걱양태	돛양태과	*Repomucenus olidus*
꺽정이	둑중개과	*Trachidermus fasciatus*
끄리	잉어과	*Opsariichthys uncirostris amurensis*
누치	잉어과	*Hemibarbus labeo*
대륙송사리	송사리과	*Oryzias sinensis*
도화뱅어	뱅어과	*Neosalanx anderssoni*
동자개	동자개과	*Pseudobagrus fulvidraco*
됭경모치	잉어과	*Microphysogobio jeoni*
두우쟁이	잉어과	*Saurogobio dabryi*
떡붕어	잉어과	*Carassius cuvieri*
메기	메기과	*Silurus asotus*
모래무지	잉어과	*Pseudogobio esocinus*
몰개	잉어과	*Squalidus japonicus coreanus*
문절망둑	망둑어과	*Acanthogobius flavimanus*
미꾸리	미꾸리과	*Misgurnus anguillicaudatus*
민물두줄망둑	망둑어과	*Tridentiger bifasciatus*
밀자개	동자개과	*Leiocassis nitidus*
뱀장어	뱀장어과	*Anguilla japonica*
붕어	잉어과	*Carassius auratus*
살치	잉어과	*Hemiculter leucisculus*
숭어	숭어과	*Mugil cephalus*
쏘가리	꺽지과	*Siniperca scherzeri*
아작망둑	망둑어과	*Tridentiger barbatus*
웅어	멸치과	*Coilia nasus*
잉어	잉어과	*Cyprinus carpio*
점농어	농어과	*Lateolabrax maculatus*
줄공치	학공치과	*Hyporhamphus intermedius*
참붕어	잉어과	*Pseudorasbora parva*
치리	잉어과	*Hemiculter eigenmanni*
풀망둑	망둑어과	*Synechogobius hasta*
피라미	잉어과	*Zacco platypus*
황강달이	민어과	*Collichthys lucidus*
황복	참복과	*Takifugu obscurus*

★장항습지와 인근 수역에서 어민들과 공동체 기반 모니터링을 실시한 결과이며, 어업용 그물에 잡힌 물고기는 모두 19과 34종이다.

✔**가시납지리** Korean spined bitterling, *Acheilognathus chankaensis*

혼인색이 아름다운 납자루 종류이
다. 몸길이는 최대 12센티미터이
며, 몸은 긴 타원 모양이고 옆으로
납작하다. 꼬리지느러미가 잘 발달되어 있다. 물살이 느리
고 탁한 중류와 하류의 개흙으로 된 바닥에 서식한다. 껍데
기가 2개인 이매패류에 긴 산란관을 내어 알을 낳는다. 잡식
성으로 수서곤충과 수생식물 등을 먹는다.

✔**치리** Korean sharpbelly, *Hemiculter eigenmanni*

몸의 양편 가운데에 폭
넓은 세로띠가 꼬리지느
러미 끝까지 뻗어 있으며,
몸길이는 20센티미터까지 자란다. 하천의 흐름이 느린 곳
이나 연못의 중층과 상층에 산다. 빠르게 헤엄치며 성질이
급한 편이다. 잡식성인데 주로 식물 조각이나 종자를 먹는
다. 산란기는 6~7월이다. 한국 고유종으로 한강과 금강 그

리고 그 부근수원의 서호, 온양, 유성의 연못에 분포한다.

✔누치 Skin carp/Steed barbel, *Hemibarbus labeo*

몸은 기다란 원통 모양이고, 뒤쪽으로 갈수록 옆으로 납작한 형태를 띤다. 강바닥 바로 위를 헤엄치면서 모래에 붙은 부착조류를 비롯해 물에 사는 곤충, 실지렁이, 작은 갑각류 등을 먹고 산다. 5월쯤 강바닥에 알을 낳고, 다 자랐을 때의 크기는 70센티미터에 이른다.

✔붕어 Crucian carp, *Carassius auratus*

몸길이는 20~43센티미터이다. 사는 곳에 따라 몸 빛깔이 달라지는데, 등 쪽은 황갈색이고 배 쪽은 은백색에 황갈색을 띤다. 분포지는 우리나라 전역으로 넓다. 잡식성으로 수서곤충과 민물새우류 그리고 수생식물 등을 먹는다. 산란은 3~5월에 주로 이루어지며 물풀에 알을 붙여 낳는다.

✔떡붕어 Japanese crucian carp, *Carassius cuvieri*

잉어과에 속하는 외래종 물고기
이다. 가끔 몸길이가 50센티
미터 이상 되는 것이 발견된

다. 붕어와 비슷하게 생겼지만 붕
어보다 몸이 크고 등이 높다. 수면 가까이에서 떼를 지어 다
니며 먹이 활동을 하기도 한다. 식물플랑크톤과 녹조류, 저
서규조류, 식물 조직 등을 먹는다. 5～6월에 가장 산란이 왕
성한 것으로 알려져 있다. 최근에는 일부 지역에서 토착종
붕어보다 서식하는 개체 수가 많아지고 재래 붕어와의 교잡
으로 잡종이 태어나는 등의 환경 문제를 일으키고 있다.

✔미꾸리 Dojo loach/Oriental weatherfish, *Misgurnus anguillicaudatus*

몸길이는 20센티미터 정도
이며, 미꾸라지보다 몸이
전체적으로 둥그스름한

편이다. 입 주변에 5쌍의 수염이 있는데 가장 긴 입 구석에
난 수염은 미꾸라지에 비해 짧다. 강의 하류나 연못처럼 물
흐름이 느린 곳에 살지만, 미꾸라지와 달리 강의 중류나 상

류에서도 발견된다. 물속의 산소가 부족해도 장으로 호흡할 수 있어서 3급수 정도의 물에서도 잘 견딘다. 물의 온도가 내려가거나 가뭄이 들면 진흙 속으로 파고 들어가는 습성이 있다. 잡식성으로 조류藻類, algae를 비롯해 동물플랑크톤, 모기 유충인 장구벌레, 실지렁이 등을 먹는다. 산란기는 6~7월이며, 저녁부터 새벽 사이에 알을 낳아 진흙이나 모래 속에 묻는다.

✔살치 | Sharp belly, *Hemiculter leucisculus*

몸길이는 20센티미터까지
자라며 생김새는 정어리와
비슷하다. 몸은 길고 옆으로 납작

하며, 머리가 작고 주둥이는 튀어나왔다. 몸 빛깔은 은백색이며, 등 쪽은 푸른 갈색이고 배 쪽은 하얗다. 하천의 흐름이 느린 곳이나 물이 고여 있는 넓은 연못 같은 곳에 산다. 6~7월 물풀에 알을 붙여 낳는다. 먹이로는 주로 곤충의 애벌레, 갑각류 등을 먹는다.

✔쏘가리 Freshwater mandarin fish/Mandarin fish, *Siniperca sche·zeri*

몸길이가 50센티미터까지 자라
고, 몸에 짙은 갈색의 표범
무늬가 나 있다. 물이 맑
고 바위가 많은 강 중류
의 큰 돌이나 바위틈에서 떼를 짓지 않고 단독으로 생활한
다. 육식성 물고기이라서 작은 물고기나 새우류를 잡아먹는
다. 화가 나면 몸을 부풀리는 습성이 있으며 돌 밑에 잘 숨
는다. 산란기는 3~7월이며, 자잘한 자갈이 깔린 여울에 알
을 낳고 수정시켜 자갈 사이에서 부화한다. 황해와 남부 연
해로 흐르는 여러 하천의 중·상류에 분포하나, 주요 산지
는 한강과 대동강이다.

✔잉어 Common carp, *Cyprinus carpio*

몸길이는 1미터 정도까지도
자란다. 몸은 유선형으로
길며 두께가 얇고 폭이
넓다. 붕어와는 달리 입수염이 나
있다. 환경에 대한 적응력이 뛰어나서 다양한 환경에 살지

만, 주로 바닥은 진흙이고 물의 흐름이 느린 강이나 호수에 산다. 5~6월경에 짝짓기를 시작하며, 알은 대개 오전에 낳는다. 성숙한 암컷은 약 30만 개의 알을 낳는데 수정된 지 10일쯤 지나면 부화한다. 25밀리미터 정도 자라면 입수염이 나서 성체의 모습을 갖춘다. 잡식성으로 조개, 게, 새우, 수서곤충, 어린 물고기, 물고기의 알, 돌이나 바위에 붙은 미생물, 물풀 등을 먹는다.

✔참붕어 Stone moroko, *Pseudorasbora parva*

몸길이는 9센티미티 정도이고, 붕어에 비해 몸 높이가 낮고 몸은 전반적으로 길쭉하다. 주로 떼를 지어서 하천 여울을 헤엄치거나 논도랑 등의 물풀 사이를 돌아다닌다. 물풀이나 바닥에 붙어 사는 미생물과 수서곤충이나 작은 물고기, 물고기 알 등을 먹는다. 번식기가 다가오면 수컷은 물이 얕은 곳에 암컷이 알 낳을 장소산란장를 미리 찾아 놓는다. 돌에 묻은 진흙이나 이끼를 떼어 내는 등 알 낳을 장소를 마련한 수컷은 산란 준비가 된 암컷을 맞는다. 암컷은 수컷이 준비해 놓은 돌 표면이나 물풀에 알을 붙여 낳는다.

✔**모래무지** Goby minnow, *Pseudogobio esocinus*

몸길이는 25센티미터까지 자라며,
몸은 홀쭉하고 머리가 몸보다 크다.
입가에 1쌍의 수염이 나 있다. 몸에는
여러 개의 눈알 모양의 검은색 점무늬가 있다. 물속에 사는
수서곤충이나 작은 동물을 잡아먹기 위해 강의 모래 바닥
근처를 헤엄쳐 다닌다. 먹이는 바닥에 있는 모래와 함께 삼
킨 뒤 먹이는 먹고 모래는 아가미 밖으로 내보낸다. 수질 오
염에 민감한 편이어서 주로 깨끗한 물에 산다. 모래나 작은
돌에 붙은 유기물을 걸러서 먹는 습성 때문에 물을 정화시
키기도 한다. 5~8월경에 산란을 하는데, 수심이 얕고 물 흐
름이 느린 모래 바닥에 알을 낳고 모래로 덮는 습성이 있다.

✔**피라미** Pale chub, *Zacco platypus*

몸길이는 보통 17센티미터 정도인데,
아주 드물게 20센티미터가 넘는
개체도 있다. 몸통 빛깔은 보통 은백색이
며 등은 청갈색을 띤다. 몸통 옆면에는 10~13개의 엷은 붉
은색 세로무늬가 있으며, 눈에 붉은 띠가 있다. 몸은 옆으로

납작하고 날씬하며, 입수염은 없다. 여름이면 수컷은 혼인색을 띠는데, 검붉은 갈색이나 황금색으로 변한다. 지방마다 암컷은 피라미, 피리, 지우리, 참피리 등으로, 수컷은 불거지, 가래, 꽃가리, 비단피리, 세비 등으로 달리 부르고 있어 이름이 400여 가지나 된다. 하천의 중류나 하류의 여울에 주로 산다. 주로 2급수에 살지만 내성이 강하여 3급수에서도 잘 견딘다. 돌이나 모래에 붙어 사는 미생물을 먹는데, 물에 사는 곤충도 먹는다. 6~8월에 산란을 하는데, 물살이 느리고 모래나 자갈이 깔린 곳에 지름 30~50센티미터의 산란장을 만들어 알을 낳는다. 암컷이 알을 보호하지 않는 습성 때문에 쉽게 다른 민물고기의 먹이가 된다.

✔끄리 Korean piscivorous chub, *Opsariichthys uncirostris amurensis*

몸길이는 30센티미터까지 자라며 몸은 옆으로 납작하다. 주둥이는 길게 튀어나와 있으며 그 끝

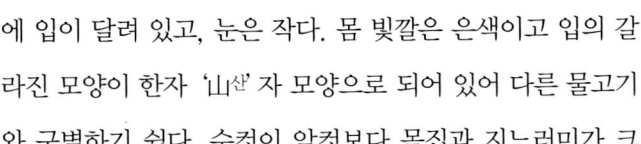

에 입이 달려 있고, 눈은 작다. 몸 빛깔은 은색이고 입의 갈라진 모양이 한자 '山산' 자 모양으로 되어 있어 다른 물고기와 구별하기 쉽다. 수컷이 암컷보다 몸집과 지느러미가 크

다. 물이 깨끗한 강이나 넓은 호수에 살며, 잡식성으로 작은 물고기, 갑각류, 수서곤충은 물론 낚시 미끼로 사용하는 깻묵도 잘 먹는다. 5~6월에 알을 낳는데, 알에서 막 깨어난 새끼의 크기는 6밀리미터 정도이다. 부화한 지 3~4년이 되면 산란을 할 수 있다.

✔메기 | Amur catfish, *Silurus asotus*

몸길이는 100센티미터 이상 되는 경우도 있다. 몸에 비늘이 없

으며 점액으로 뒤덮여 있다. 지역이나 개체에 따라 몸 색깔의 변화가 심하며 불규칙한 얼룩무늬가 특징이다. 물살이 느린 강의 중류나 하류의 돌 틈이나 바닥 근처에 산다. 야행성이라 낮에는 바닥이나 돌 틈에 숨어 있다가 밤이 되면 먹이를 찾아 활동한다. 먹이로는 물고기나 수서곤충, 올챙이와 같은 수중 동물을 잡아먹는다. 수질에 민감하지 않아 오염된 곳에서도 잘 살며 환경 변화에도 적응을 잘하는 편이다. 5~7월 사이에 하천 바닥이나 물풀, 돌 등에 알을 낳는다.

✔**몰개** Short barbel gudgeon, *Squalidus japonicus coreanus*

몸길이는 10센티미터 정도
인데 드물게 14센티미터
이상 자라는 개체도 있다. 몸은

가늘고 길며 옆으로 납작하고, 몸 높이는 다른 몰개류보다
높은 편이다. 입수염이 있으며, 옆줄의 전반부는 배 쪽으로
휘어져 있고 꼬리지느러미는 깊게 갈라져 있다. 물살이 느
린 강이나 호수, 늪에서 산다. 물의 표층이나 중층에서 몇
마리씩 무리를 지어 다닌다. 잡식성이며 주로 수서곤충이나
작은 어류 등을 잡아먹는다. 수질 오염에 대한 내성이 비교
적 강하여 오염된 곳에서도 잘 산다. 6~8월에 알을 낳으며,
치어는 7~10월까지 출현하는데 행동이 매우 민첩하다.

2차 담수어

✔**대륙송사리** Dwarf rice fish, *Oryzias sinensis*

몸길이는 3~4센티미터 정도로 송사리보다
크기가 작다. 몸은 유선형이며 옆으로 납작
하고, 머리는 아래위로 납작하다. 물이 깊지 않고 흐름이 거의 없는 저수지, 늪, 하천 등의 수면 가까이에 산다. 오염된 환경에도 잘 적응하는 편이며, 무리를 지어 생활한다. 주된 먹이는 동물플랑크톤이다. 5~7월에 알을 낳는데, 인공 사육할 때는 빛과 수온을 일정하게 맞추어 주면 일 년 내내 산란하는 것을 볼 수 있다. 산란은 주로 아침에 이루어지며, 암컷이 알을 달고 다니다가 물풀에 붙인다.

왕복성 어류 : 강하성

✔뱀장어 Japanese eel, *Anguilla japonica*

암컷은 90센티미터 정도까지 자라는 데 비해 수컷은 60센티미터 정도 자란다. 그러나 경우에 따라 1미터가 넘어 자라기도 한다. 몸에는 타원 모양의 미세한 비늘이 있지만 살갗에 묻혀서 없는 것처럼 보인다. 따뜻한 민물에 살며, 낮에는 돌 틈이나 풀, 진흙 속에 숨어 있다가 밤에 주로 움직이는 야행성 물고기이다. 육식성으로 게, 새우, 곤충, 실지렁이, 어린 물고기 등을 잡아먹는다. 깊은 바다에서 짝짓기를 하는 것으로 알려져 있으며, 700~1200만 개의 알

실뱀장어

을 낳고는 죽는다. 알은 부화
하여 렙토세팔루스라고 불리는 대
나무와 버드나무 잎 모양의 유생 시
절을 거쳐 실 모양의 어린 실뱀장어로 탈바꿈한다. 실뱀장어
의 형태로 2~5월 사이에 무리를 지어 강을 거슬러 올라가
민물에서 생활한다.

왕복성 어류 : 소하성

✔**황복** River puffer / Yellow puffer, *Takifugu obscurus*

바다에서 자라다가 산란기인
4월 말~6월 말쯤 강으로
거슬러 올라온다. 바닷물의
영향을 받지 않으며 바닥에 자갈이 깔려 있는 여울에 알을
낳는다. 알에서 깨어난 어린 고기는 바다로 다시 내려가 자
란다. 바닥에 붙어 사는 수생동물이나 어린 물고기, 물고기
알 등을 먹는다. 멸종위기에 처해 있어서 보호 어종으로 지
정되어 있기 때문에 허가 없이 잡을 수 없다. 난소와 간, 장,
피부에 강한 독이 있다.

✔줄공치 Brackish halfbeak, *Hyporhamphus intermedius*

바다에 사는 학공치와
비슷하나 크기가 좀
더 작다. 몸은 가늘고 길며 약간 옆으로 납작하다. 기수역
에 살지만 강의 상류까지 거슬러 오르기도 한다. 연안의 표
층에서 유영하다가 몸길이가 7센티미터 정도로 자라면 강
으로 올라온다. 겨울에는 보통 바다로 내려가서 월동하다
가 5~6월이 되면 강으로 올라와 알을 낳는다. 알은 알에서
나온 실로 감아 조류藻類에 붙여 낳는다.

양측성 어류

✔가숭어 Mullet, *Chelon haematocheilus*

지방에 따라 참숭어
라고도 한다. 최대
63센티미터까지 자란다.
꼬리지느러미가 둘로 갈라지며 숭어와는 달리 눈꺼풀에 기
름막이 없다. 연안에서 주로 생활하는 물고기이지만 어린
물고기는 강 하구를 거쳐 민물에서 생활하기도 한다. 잡식

성으로 저서생물, 해조류, 유기물 등을 먹는다. 10월에 산란을 하는데 알을 낳기 위해 먼바다까지 큰 무리를 지어 회유한다.

✔강주걱양태 Dragonet fish, *Repomucenus olidus*

몸길이는 7센티미터까지 자라며, 몸통은 납작하다. 위에서 내려다보면 머리 쪽의 폭이 넓고 꼬리 끝으로 갈수록 가늘어져 밥주걱처럼 보인다. 눈은 머리 한가운데 꼭대기에 있으며, 눈 뒤쪽의 구멍으로 물을 뿜어 올리는 특이한 습성이 있다. 기수역의 모래 바닥에 살면서 갯지렁이 같은 저서동물을 잡아먹는다. 한강 외에 금강, 동진강의 중류와 하류에서도 볼 수 있다. 한강의 밤섬에서도 발견된 적이 있으며 황복, 꺽정이, 됭경모치와 함께 서울시 보호종으로 지정되어 있다.

✔두우쟁이 Chinese lizard gudgeon, *Saurogobio dabryi*

몸길이는 최대 25센티미터 정도이다. 모래무지와 생김

새가 비슷하나, 몸은 가늘고 길며 거의 원통 모양이다. 옆구리 중앙에는 껍질 속에 묻힌 어두운 색의 세로 줄이 있고, 그 위에는 짙은 점이 10~15개가 불규칙하게 나 있다. 큰 강 하류의 모래 바닥에 서식한다. 산란기에는 강 중류어까지 거슬러 올라가지만 겨울에는 하류에서 지낸다. 잡식성으로 부착 조류를 주로 먹지만 새우나 게 등도 잡아먹는다. 4월경에 알을 낳아 물풀에 붙인다.

✔민물두줄망둑 Shimofuri goby, *Tridentiger bifasciatus*

몸길이는 약 10센티미터까지 자라며, 꼬리지느러미는 회갈색이고 검은 가로 반점을 볼 수 있
다. 강의 하류나 조수가 드나드는 해안에 산다. 육식성으로 주로 갑각류, 갯지렁이, 실지렁이 등을 잡아먹는다. 4~8월경에 알을 낳는데 암컷이 돌에 알을 붙여 낳아 놓으면 수컷이 지킨다. 우리나라 각 해안에 분포하지만 개체 수가 많지는 않다.

✔밀자개 Light bullhead, *Leiocassis nitidus*

몸길이는 15센티미터까지 자라며, 몸통은 전체적으로 긴 원통 모양인데 꼬리 쪽으로 갈 수록 가늘어져서 방망이처럼 생겼다. 하천 중류와 기수역의 물살이 느리고 정체된 곳에서 산다. 육식성이라 하천 바닥 에 살면서 바닥에 사는 곤충, 작은 갑각류와 같은 소형 동물 을 잡아먹는다. 산란기는 5~6월로 추정되지만 생활사나 성 장에 대해서는 알려진 것이 거의 없다.

✔아작망둑 Two striped goby, *Tridentiger barbatus*

몸통은 짧고 퉁퉁하며 12센티미터 까지 자란다. 몸 빛깔은 암회색 으로 옆구리에 희미하고 넓은 갈색 가로 줄이 4~5줄 나 있다. 기수역과 연안의 수심 10미 터 이내의 얕은 바다 밑에 있는 펄 바닥에 산다. 작은 갑각 류 같은 작은 동물을 주로 잡아먹는다. 5~8월에 알을 낳는 데, 굴 껍데기 안쪽에 알덩어리로 낳아 수컷이 부화할 때까 지 지킨다.

✔**웅어** Korean anchovy, *Coilia nasus*

몸길이는 40센티미터까지 자라며, 몸통은 길고 납작

하며 꼬리 쪽으로 갈수록 가늘어진다. 몸 빛깔은 등 쪽 부분
이 약간 황록색을 띠는 것 외에는 대부분 은백색이다. 4~5
월에 바다에서 강 하류로 거슬러 올라와 5~7월에 갈대가
있는 곳에 알을 낳는다. 부화한 어린 물고기는 가을에는 바
다로 내려가서 겨울을 나고 다음 해에 성어가 되어 다시 산
란 장소로 돌아온다. 작은 새우류와 요각류 같은 갑각류를
먹으며 작은 물고기를 잡아먹기도 한다. 성질이 급하여 그
물에 걸리면 바로 죽는다. 예전에는 임금님 상에 올리던 귀
한 물고기였다. 조선 시대 말기에는 궁중의 음식을 맡아 담
당하던 사옹원司饔院 소속의 '위어소葦魚所'를 행주에 두고,
웅어를 잡아 왕가에 진상하였다고 한다.

✔**점농어** Spotted sea bass, *Lateolabrax maculatus*

몸길이는 1미터까지 자란다.

생김새는 입이 크고

뾰족하며 아래턱이

튀어나왔는데 그 아랫면에 비늘이 있다. 농어와 매우 비슷하게 생겼지만 농어보다 주둥이가 약간 짧으며, 등 쪽과 등지느러미에 검은색 점이 여러 개 흩어져 있는데 이 때문에 점이 가지런한 농어와 구별할 수 있다. 어릴 때는 주로 동물 플랑크톤을 먹지만 다 자라면 갑각류와 작은 물고기를 잡아먹는다. 10~11월에 알을 낳는다.

✔꺽정이 Rough skin sculpin, *Trachidermus fasciatus*

몸길이는 최대 17센티미터 정도
이며, 몸통은 옆으로 약간 납
작하다. 머리는 위아래로 납작

하며 몸은 꼬리 쪽으로 갈수록 가늘어진다. 하천의 중류와 하류, 특히 기수역의 자갈이나 모래 바닥에 주로 산다. 돌 틈에 잘 숨는다. 갑각류나 작은 물고기를 잡아먹는다. 2~3월에 강의 하구나 갯벌에 있는 조개껍데기 안쪽에 암컷이 알을 낳으면 수컷이 알을 돌본다.

한강하구의 물새들

물새란 말 그대로 '물에 의존해서 살아가는 새'를 말한다. 한자어로는 수조류水鳥類, 영어로는 waterbirds라고 한다. 때로는 수금류水禽類, waterfowl라는 단어를 쓰는데, 이는 발에 물갈퀴가 달려 물에서 헤엄쳐 다니는 오리류, 기러기류, 고니류를 합쳐 부르는 말이다. 물새로는 수금류와 더불어 도요새, 물떼새, 물꿩, 갈매기, 두루미, 뜸부기, 논병아리, 가마우지, 백로, 왜가리, 저어새, 사다새, 황새, 아비와 같은 새들이 있다. 우리나라에 서식하는 물새는 모두 176종으로 알려져 있으나, 최근 미기록종이 늘어나서 그 수가 증가하고 있다.

물새에는 포함되지 않지만 물총새, 청호반새, 호반새 등은 물과 습지에서 먹이를 구하고, 물수리, 흰꼬리수리, 참수리 같은 맹금류는 물고기를 잡아먹거나 습지 주변을 돌아다니며 물새를 포식한다. 갈대밭 등에 사는 개개비, 개개비사촌, 검은머리쑥새, 촉새 등도 습지에 의존하는 정도가 높은 새들로 습지에서 관찰할 수 있다. 이렇게 보면 우리나라에 서식하는 새 가운데 70~80퍼센트는 습지와 그 주변에 의존해 살아간다고 할 수 있다.

| 장항습지의 새들

장항습지에 서식하는 것으로 관찰되거나 기록된 새들의 수는 최대 4만여 마리이며, 한강하구 전체를 아우르면 최대 10만여 마리나 된다. 한강하구에서 관찰, 기록된 조류는 총 154종에 이르며, 이 중 장항습지에서 기록된 종은 72종이다.

장항습지에서 서식하는 조류

국명	학명
가창오리	Anas formosa
갈까마귀	Corvus dauuricus
개개비	Acrocephalus orientalis
개꿩	Pluvialis squatarola
개리	Anser cygnoides
검은목두루미	Grus grus
고방오리	Anas acuta
괭이갈매기	Larus crassirostris
깝작도요	Actitis hypoleucos
꼬마물떼새	Charadrius dubius
꿩	Phasianus colchicus
노랑발갈매기	Larus cachinnans
노랑턱멧새	Emberiza elegans
논병아리	Podiceps ruficollis
댕기물떼새	Vanellus vanellus
댕기흰죽지	Aythya fuligula
독수리	Aegypius monachus
딱새	Phoenicurus auroreus
때까치	Lanius bucephalus
떼까마귀	Corvus frugilegus
마도요	Numenius arquata
말똥가리	Buteo buteo
매	Falco peregrinus
메추라기	Coturnix japonica
멧비둘기	Streptopelia orientalis
멧새	Emberiza cioides
물수리	Pandion haliaetus
물총새	Alcedo atthis
민물가마우지	Phalacrocorax carbo
민물도요	Calidris alpina
붉은머리오목눈이	Paradoxornis webbianus
붉은부리갈매기	Larus ridibundus
비오리	Mergus merganser
뿔논병아리	Podiceps cristatus
솔개	Milvus migrans
쇠기러기	Anser albifrons

국명	학명
쇠박새	Parus palustris
쇠백로	Egretta garzetta
쇠부엉이	Asio flammeus
쇠솔새	Phylloscopus borealis
쇠황조롱이	Falco columbarus
쑥새	Emberiza rustica
오목눈이	Aegithalos caudatus
왜가리	Ardea cinerea
원앙	Aix galericulata
재갈매기	Larus argentatus
재두루미	Grus vipio
저어새	Platalea minor
중대백로	Egretta alba modesta
중부리도요	Numenius phaeopus
직박구리	Hypsipetes amaurotis
참매	Accipiter gentilis
청둥오리	Anas platyrhynchos
청호반새	Halcyon pileata
큰고니	Cygnus cygnus
큰기러기	Anser fabalis
큰말똥가리	Buteo hemilasius
털발말똥가리	Buteo lagopus
해오라기	Nycticorax nycticorax
호사도요	Rostratula benghalensis
황로	Bubulcus ibis
황오리	Tadorna ferruginea
황조롱이	Falco tinnunculus
흑두루미	Grus monacha
흰기러기	Anser caerulescens
흰꼬리수리	Haliaeetus albicilla
흰날개해오라기	Ardeola bacchus
흰머리오목눈이	Aegithalos caudatus caudatus
흰목물떼새	Charadrius placidus
흰물떼새	Charadrius alexandrinus
흰뺨검둥오리	Anas poecilorhyncha
흰죽지	Aythya ferina

✔**재두루미** White-naped crane, *Grus vipio*

전 세계에 살고 있는 개체 수는 모두 6000~7000마리 정도
로 추정된다. 시베리아, 몽골, 중국 북동부, 우수리 강 등지
에서 번식하고 한국, 일본, 중국 남동부에서 겨울을 난다.

우리나라에는 10월 하순에 찾아와 이듬해 3월 하순에
되돌아가는 겨울 철새이다. 주로 큰 강의 하구나 갯벌, 습
지, 농경지 등에서 겨울을 보낸다. 잡식성이라 볍씨, 수생식
물의 뿌리, 새섬매자기 같은 식물의 덩이줄기 등을 먹거나
갯지렁이, 게, 작은 물고기, 고둥, 곤충과 같은 동물성 먹이
도 잡아먹는다. 매년 평균 100여 마리 정도가 장항습지에서
겨울을 난다. 1970년대까지는 한강하구 전역에서 2000여
마리가 월동을 하였으나 최근에 급격히 줄어들어 이동기에

도 최대 600여 마리 정도만 관찰된다. 1968년에 천연기념물제203호로 지정되었으며, 환경부에서는 멸종위기종 2급으로 지정하여 보호하고 있다.

✔**저어새** Black-faced spoonbill, *Platalea minor*

한강하구와 강화도, 인천 송도 근처의 무인도에서 번식하는 여름 철새이다. 낮에는 바닷가 얕은 곳이나 간척지, 늪지, 갈대밭, 논 등지에서 미꾸라지, 논우렁이, 숭어, 젓새우 등과 같은 먹이를 찾고, 밤이 되면 무인도 등에서 잠을 잔다. 1~2마리 단위로 작은 무리를 지어 생활할 때가 많지만, 이동기에는 10~50마리씩 큰 무리를 짓기도 한다.

한국의 강화군과 옹진군, 중국의 발해만, 러시아 일부 지역에서 번식을 하고, 타이완을 비롯해 한국의 제주도, 일본, 하이난 섬, 홍콩 등지에서 겨울을 난다. 전 세계에 2500여 마리가 서식하고 있으며, 번식지는 대부분 남북한의 접경지역 안에 있다. 장항습지에서는 10마리 이내로 관찰되나 한강하구와 강화도 갯벌을 아우르면 약 600마리가 관찰된다. 환경부에서 멸종위기종 1급으로 지정해 보호하고 있다.

✔**개리** Swan goose, *Anser cygnoides*

전 세계에 서식하는 개체 수가 모두 5만 마리 정도로 추정된다. 한강하구에는 번식지와 월동지를 오가며 들르기 때문에 2~3월과 9~10월에 관찰되는 나그네새이다.

암컷이 수컷보다 약간 작으나 몸 빛깔은 암수가 같다. 강변이나 풀밭, 호수의 작은 섬 등의 땅이 움푹 팬 곳에 마른 풀을 깔아 둥우리를 튼다. 한강하구에서는 주로 새섬매자기를 먹지만, 바닷가에서는 조류藻類와 조개류를, 논에서는 볍씨와 논우렁이 등을 먹는다. 장항습지에서는 20마리 이내가 관찰되며, 이동기에는 한강하구에서 최대 1000마리까지 관찰된다. 흑기러기와 함께 천연기념물제325호로 지정되어 있으며, 환경부에서도 멸종위기종 2급으로 지정해 보호하고 있다.

✔큰기러기 Bean goose, *Anser fabalis*

한강하구는 큰기러기의 국내 최대 월동지이다. 10월 하순부터 찾아오기 시작하여 겨울을 나고 3월 하순이면 완전히 떠나간다. 주로 강의 하구, 만灣, 간척지, 농경지, 못·호수·하천 등의 습지와 물가를 거닐며 먹이를 찾는다. 초식성으로 밀과 보리의 푸른 잎, 버려진 낟알, 감자, 고구마, 마름 열매, 잡초 씨, 새섬매자기 등을 좋아한다. 장항습지에서는 6000여 마리가 겨울을 나는데, 한강하구 전체에서는 약 2만 5000마리가 월동을 한다. 환경부에서 멸종위기종 2급으로 지정해 보호하고 있다.

✔황조롱이 Kestrel, *Falco tinnunculus*

홀로 단독 생활을 하거나 암수가 함께 생활하는 맹금류이다. 들쥐와 같은 설치류, 두더지, 작은 새, 곤충류, 파충류 등을 잡아먹는다. 간혹 도심 건물에서 번식하는 모습이 눈에 띄기도 하는 텃새이다.

툰드라 지역을 제외한 전 세계에 분포한다. 냉대와 한대 지방에 서식하는 집단은 겨울에 적도까지 이동하기도 하지만, 온대나 열대 지방에 사는 집단은 이동하지 않는 텃새이다. 천연기념물제323호로 지정해 보호하고 있다.

✔해오라기 Black-crowned night heron, *Nycticorax nycticorax*

보통 백로 무리와 잘 어울리는 새로 장항습지의 버드나무 숲에 200쌍쯤이 번식하였으나, 번식지 근처에 킨텍스 진입로, 일산대교 등이 건설되고 자유로를 달리는 차량이 증가하면서 소음과 불빛, 진동이 심해져

지금은 그 수가 줄어 매우 드물게 번식하고 있다. 낮에는 논, 호숫가, 연못가, 갈대밭, 습지, 산지에서 생활하고, 어스름한 저녁 무렵이면 둥지를 나와 밤새 먹이를 찾아다닌다. 어린 새는 낮에도 먹이를 찾는 경우가 있다. 땅 위를 걸을 때는 목을 S자 모양으로 움츠리고 다니는 습성이 있다. 먹이로는 물고기, 새우류, 개구리, 뱀, 곤충, 쥐 등을 잡아먹는다.

한강하구의 포유류

장항습지에는 삵을 비롯하여 8종의 포유류가 서식하고 있다. 이 중에서 고라니는 외부의 간섭 없이 버드나무 숲 안에

장항습지에 서식하는 포유류

국명	학명
갈밭쥐	*Microtus fortis uliginosus*
너구리	*Nyctereutes procyonoides koreensis*
두더지	*Mogera wogura coreana*
등줄쥐	*Apodemus agrarius coreae*
멧밭쥐	*Micromys minutus ussuricus*
고라니	*Hydropotes inermis argyropus*
삵	*Felis bengalensis manchurica*
족제비	*Mustela sibirica coreana*

서 자유롭게 서식하며 번식해서 현재 100여 마리가 살고 있다. 멸종위기 야생동물 2급인 삵은 비록 개체 수는 적지만 최고 포식자로서 새와 소형 포유류 등을 먹잇감으로 살아가고 있다. 갈대밭에는 멧밭쥐가 갈대 사이에 새집 같이 생긴 집을 짓고 살고 있다.

✔고라니 Korean water deer, *Hydropotes inermis argyropus*

보노루, 복작노루라고도 한다. 암수 모두 뿔이 없으며, 위턱의 송곳니가 엄니크고 날카롭게 발달한 포유류의 이처럼 발달하였다. 특히 수컷의 송곳니 길이는 약 6센티미터 정도이며 입 밖으로 나와 있어서 번식기에 암컷을 놓고 싸울 때 무기로 쓰인다. 갈대밭이나 떨기나무가 우거진 곳에 서식한다. 보통은 2~4마리씩 짝을 지어 지내는데, 드물게 무리를 이루기도 한다. 한해살이풀이나 새싹 등을 먹는다. 11~1월에 짝짓기를 하고, 5~6월에 한배에 1~3마리의 새끼를 낳는다. 장항 습지에서 최대 100여 마리가 관찰된다.

한국과 중국 동북부 등지에 분포하며, 한국고라니 *Hydropotes inermis argyropus*와 중국고라니*Hydropotes inermis inermis*의 두 아종으로 구분한다. 세계자연보호연맹의 『적색목록집』에 고라니*Hydropotes inermis* 종과 중국고라니 아종은 준위협종으로 지정되어 있어서 중국에서는 고라니 보호 지역을 설정해 보호하고 있다. 하지만 한국고라니는 정보 부족종으로 설정되어 연구가 필요한 데도 정부에서는 수렵 동물로 지정하고 있다.

세계자연보호연맹 적색목록집

세계자연보호연맹IUCN은 야생생물의 멸종을 막기 위하여 지구 상에서 멸종위기에 처한 생물을 선정하여 이를 수록한 『적색목록집Red Data Book』을 발간하고 있다. 이 책의 표지가 위기를 뜻하는 붉은색이어서 적색목록집이라고 부르며, 1994년에 처음 출간되었다. 이 목록에 등재되어 있는 생물종들은 멸종 위협의 정도를 평가해서 9개 범주로 나누어 놓았다. 절멸Extinct, EX, 야생 절멸 Extinct in the Wild, EW, 위급Critically Endangered, CR, 위기Endangered, EN, 취약Vulnerable, VU, 준위협Near Threatened, NT, 관심 대상Least Concern, LC, 정보 부족Data Deficient, DD, 미평가Not Evaluated, NE의 9단계이다. 미국, 일본 등 세계 각국에서도 자기 나라의 멸종위기종을 보호하기 위하여 멸종위기에 놓인 생물을 선정해 국가별 『적석목록집』을 발간하고 있다.

한강하구의 저서생물들

갯지렁이, 게, 조개, 고둥, 해조류, 저서규조류와 같이 갯벌의
바닥에 붙어 살아가는 생물들을 저서생물이라 한다. 이 중에

저서동물의 크기에 따른 분류

구분	크기	보기
초대형 저서동물 (megabenthos)	어망이나 트롤로 채집하며, 그물코 15밀리미터 체에 걸린다.	저어류, 불가사리
대형 저서동물 (macrobenthos)	그물코 1.0밀리미터 체에 걸린다.	복족류, 이매패류, 갯지렁이류, 갑각류
중형 저서동물 (meiobenthos)	그물코 1.0밀리미터 체는 통과하나 0.032밀리미터 체에 걸린다.	저서성 요각류, 선충류
소형 저서동물 (microbenthos)	그물코 0.1밀리미터 체를 통과한다.	유공충류

★기준이 되는 생물의 크기는 학자에 따라 다를 수 있다.

서 동물류를 저서동물이라 부르는데, 지표면에서 살아가는 민챙이, 밤게 등을 표서동물epibenthos, 땅속에서 살아가는 갯지렁이, 조개 등을 내서동물endobenthos이라 하여 구분한다. 또 크기에 따라 나누기도 하는데 채집할 때 사용하는 체에 걸러지는 크기에 따라 초대형, 대형, 중형, 소형으로 구분한다.

저서동물은 대부분 이동성이 크지 않아서 그 지역의 환경 변화에 민감한 경우가 많으며 서식지가 제한되므로 종의 구성과 개체 수를 비교하면 갯벌의 환경 상태를 가늠할 수 있다.

장항습지에 서식하는 저서동물

국명	학명
말똥게	*Sesarma dehaani*
붉은발말똥게	*Sesarma intermedium*
애기참게	*Eriocheir leptognathus*
참게	*Eriocheir sinensis*
펄콩게	*Ilyoplax deschampsi*
민물담치	*Limnoperna fortunei*
콩조개(콩재첩)	*Corbicula felnouilliana*
강어귀참갯지렁이	*Hediste japonica*
북방백금갯지렁이	*Nepthys caeca*
참갯지렁이	*Neanthes japonica*
끈벌레류	*Lineus* spp.
각시흰새우	*Palaemon modestus*
밀새우	*Palaemon carinicauda*
실다리밀새우	*Palaemon annandalei*

✔말똥게 Sesarmine dehaani crab, *Sesarma dehaani*

장항습지의 버드나무 숲 밑에는 말똥게가 살고 있다. 말똥게는 버드나무 잎을 먹이로 먹고, 버드나무는 말똥게의 배설물을 비

료로 쓴다. 또 말똥게가 버드나무 뿌리까지 파 내려가 지은 집구멍은 뿌리가 호흡을 잘 할 수 있도록 도와준다. 이처럼 버드나무 숲의 말똥게와 버드나무는 도움을 주고받는 공생 관계에 있다.

말똥게의 갑각 윗면은 앞부분과 뒷부분이 모두 울퉁불퉁하다. 수컷의 집게다리는 암컷의 집게다리에 비해 크고 억세다. 발목마디, 앞마디, 발가락마디의 양 모서리에는 긴 털이 촘촘히 나 있다. 배는 암수 모두 7마디이며

비교적 넓다. 7~8월에 암컷이 알을 품는다. 일부 지역에서는 식용하기도 한다. 민물에 가까운 바

말똥게의 암컷(왼쪽)과 수컷(오른쪽) 게의 배 가운데 덮개 모양이 뾰족하면 수컷이고 둥글면 암컷이다.

닷가 습한 곳에 구멍을 파고 산다. 우리나라에서는 한강하구 장항습지가 최대 서식처이며 낙동강 하구 을숙도, 장자도의 갈대밭, 순천만 등에도 서식한다.

✔**펄콩게** Intertidal dotillid crab, *Ilyoplax deschampsi*

갑각 길이 약 6.5밀리미터, 갑각 너비 약 8.5밀리미터 크기의 작은 게이다. 갑각의 모양은 옆으로 긴 사각형에 가깝다. 하구 해안선의 부드러운 개펄에 구멍을 파고 산다. 펄콩게와 같은 달랑게과의 구멍을 파고 사는 게들은 자기 집을 파는 데 매우 능숙하며, 집게다리를 구부리고 걷는다리를 가지런히 하여 재빠르게 드나든다. 이들은 갯벌 바닥을 구성하는 개흙과 갯벌이 드러나는 위치에 따라 좋아하는 서식지가 따로 있다. 펄콩게는 현재 우리나라에서 한강하구를 비롯해 남해와 황해에 분포하나 매우 드물게 나타나는 희귀종이다. 장항습지의 갯벌에서는 수많은 펄콩게 무리와 함께 이들이 유기물을 걸러 먹고 뭉쳐 둔 흙 경단이 게 구멍 주변에 놓여 있는 것을 쉽게 볼 수 있다.

✔강어귀참갯지렁이 Polychaete worm, *Hediste japonica*

장항습지에 사는 갯지렁이류는 이동하는 철새와 물고기들에게는 매우 중요한 먹이가 된다. 특히 한강하구 갯벌에 가장 많은 우점종인 강어귀참갯지렁이는 하구의 먹이그물에서 생태학적으로 중요한 역할을 하는 핵심종Keystone species이라고 할 수 있다.

　강어귀참갯지렁이는 다른 갯지렁이류와 같이 몸은 좌우 대칭이며 긴 원통 모양이고, 안쪽과 바깥쪽 모두 마디로 이루어져 있다. 이들 마디를 체절이라고 하는데, 각 체절의 좌우에는 옆다리가 붙어 있다. 이들은 이른 봄부터 바다에서 하구를 거쳐 기수역 상부까지 올라와 산란을 한다. 알을 낳은 후에는 그곳에서 죽어 하구 생태계의 영양염 순환에 중요한 역할을 한다. 밀물 때는 강어귀참갯지렁이 떼를 따라 바다에서 많은 물고기들이 올라오는데, 물고기를 따라 수만 마리의 갈매기들도 따라 올라와

강어귀참갯지렁이의 머리와 이빨

먹이를 잡아먹는다. 썰물 때는 갯지렁이들이 모두 갯벌에 구멍을 파고 숨어들지만, 재두루미와 도요새들은 개흙을 헤쳐 이들을 찾아 먹느라 분주해진다.

✔**콩조개** Marsh clam, *Corbicula felnouilliana*

콩재첩 또는 노랑재첩이라고도 하며, 하천의 하류, 호수 등 모래펄이 많은 곳에 주로 서식한다. 조개의 껍질은 낮은 삼각형으로, 앞쪽은 넓고 둥근 편이며 뒤쪽은 좁고 뾰족하다. 겉껍질은 황갈색이고 맥은 세밀하게 나 있다. 몸길이는 가로로 3센티미터까지 자라며, 알을 많이 낳는다. 전북, 충남, 한강 등에 분포하여 북방계라 하는데, 이에 비해 중부 이남에서는 재첩이 서식한다. 색깔은 서식 장소에 따라 달라서 모래가 많은 곳에서는 황갈색, 개흙이 우세한 갯벌 지역에서는 주로 칠흑색으로 나타난다.

한강하구의 식물들

장항습지의 버드나무 숲에는 선버들, 버드나무, 개수양버들, 갯버들, 키버들, 용버들 등이 모여 살고 있으며, 이 가운데 가장 개체 수가 많은 우점종은 선버들*Salix subfragilis*이다. 선버들 군락 주변으로는 강변에서 쉽게 볼 수 있는 갈대 *Phragmites communis*와 강 하구 주변의 모래밭에 사는 산조풀 *Calamagrostis epigeios*이 넓게 퍼져 있어 계절마다 장관을 이룬다. 강가에 물이 드나드는 곳에는 새들의 좋은 먹잇감인 사초과 식물인 새섬매자기와 세모고랭이가 자리 잡고 있다. 이들은 물이 잘 드나드는 축축한 땅을 좋아하는데, 예전에 비해 그

수가 많이 줄어들었다. 물가에 모래와 개흙이 밀려와 쌓이면서 땅의 높이가 점점 높아져서 땅이 건조해졌기 때문이다. 어느새 건조한 것을 잘 견디는 줄이 자리를 잡고 그 세력을 넓혀가고 있다. 또 물이 들지 않는 논둑이나 자연제방 위에는 물억새*Miscanthus sacchariflorus*가 뿌리를 내리고 있다. 그 외에도 장항습지에는 꽃이 피는 고등식물이 모두 282종이 살고 있다.

장항습지에 서식하는 주요 식물

국명	학명	
긴병꽃풀	*Glechoma grandis*	특정식물종 III등급
꼬리조팝나무	*Spiraea salicifolia*	특정식물종 III등급
땅비수리	*Lespedeza juncea*	특정식물종 III등급
모감주나무	*Koelreuteria paniculata*	특정식물종 III등급
벌사상자	*Conidium monnieri*	특정식물종 III등급
가는잎쐐기풀	*Urtica angustifolia*	특정식물종 I등급
개사철쑥	*Artemisia apiacea*	특정식물종 I등급
모새달	*Phacelurus latifolius*	특정식물종 I등급
문모초	*Veronica peregrina*	특정식물종 I등급
물쑥	*Artemisia selengensis*	특정식물종 I등급
쥐방울덩굴	*Aristolochia contorta*	특정식물종 I등급
큰엉겅퀴	*Cirsium pendulum*	특정식물종 I등급
새섬매자기	*Bolboschoenus planiculmis*	먹이 식물
세모고랭이	*Schoenoplectus triqueter*	먹이 식물
줄	*Zizania latifolia*	먹이 식물

✔**새섬매자기** Flatstalk bulrush, *Bolboschoenus planiculmis*

덩이줄기

소금기가 많은 흙에서 잘 자라는 염생식물이며, 하구 습지의 환경 조건을 추측할 수 있는 지표종이기도 하다. 기수역에 나고 자란다. 줄기에 털은 보이지 않고 매끈한 편이며, 모양은 거의 삼각형이다. 꽃은 7~8월에 피며, 줄기 끝부분에 꽃자루 없이 잔 이삭이 붙는다. 덩이줄기괴경가 달리며 땅속으로 기는 줄기가 있다.

✔**세모고랭이** Chair markers rush, *Schoenoplectus triqueter*

뿌리줄기

줄기가 세모지며 물가에서 자란다. 땅속줄기가 옆으로 뻗으면서 마디에 녹색의 원줄기가 1개씩 나는데 보통 높이 50~100센티미터까지 자란다. 꽃은 7~10월에 피며, 타원이나 달걀 모양으로 생긴 작은 이삭이 줄기 겨드랑이에 1~3개씩 모여 달린다. 열매도 다소 넓은 달걀 모양으로 거꾸로 달려 있으며 갈색으로 익는다.

✔줄 Wild rice, *Zizania latifolia*

연못이나 냇가에서 자란다. 굵은 땅속줄기가 진흙 속으로 뻗고, 잎이 무더기로 나오는데 높이 1~2미터까지 자란다. 잎의 길이는 50~100센티미터, 너비 2~4센티미터이며, 분홍색이고 밑이 좁아지며 주맥은 굵다. 8~9월에 꽃이 핀다. 장항습지에서는 노출된 땅속줄기를 큰기러기와 재두루미가 먹으며, 호수나 저수지에서는 큰고니의 주요 먹이가 된다.

✔모새달 Broadleaf phacelurus, *Phacelurus latifolius*

기수역 습지에서 자란다. 뿌리줄기가 옆으로 뻗어 퍼지는데, 마디에서 원줄기가 나와 높이 80~120센티미터로 자란다. 잎은 편평하고 털이 없으며, 길이는 20~40센티미터, 너비가 1~4센티미터이고, 잎혀 길이는 1~2밀리미터이다. 6~10월에 꽃이 피며, 꽃 이삭은 길이 10~25센티미터이다.

✔긴포꽃질경이 Largebracted plantain, *Plantago aristata*

이삭 모양의 꽃대

2005년 국내에서는 처음으로 장항습지 제2선착장 부근에서 발견된 외래 식물로, 꽃을 받치는 포가 길어서 긴포꽃질경이라는 이름이 붙여졌다. 미국 텍사스 지역에 서식하는 식물인데, 경기도 파주 비무장지대에 주둔하는 미군 부대를 따라 유입되었을 것으로 추정하고 있다. 처음 이 식물이 발견된 위치가 당시 부대에서 모래를 채취해 간 곳으로, 식물이 발견될 즈음에 파주의 미군 부대 소속 군용 트럭이 빈번하게 장항습지를 드나들며 모래를 퍼 갔기 때문이다.

모두가 함께 지키는 한강하구

한강하구에 자리 잡은 장항습지는 우리나라 수도인 서울의 대도심에 가까이 있으면서 자연의 원형과 생물다양성을 간직하고 있어 환경적으로 우리에게 매우 소중한 공간이다. 불과 반세기가 채 되지 않는 기간 동안 사람들의 출입을 제한했었다는 이유만으로, 버드나무가 군락을 이루어 숲을 만들고 수많은 생명이 찾아들어 삶의 터전을 꾸리고 있다. 겨울이면 추위를 피하려 남쪽으로 내려오는 새들 가운데 많은 수의 새가 이곳 장항습지에 둥지를 틀고, 버드나무와 말똥게가 공생 관계를 유지하는 등 이곳만의 독특한 생태계를 만들어가고 있다.

　　우리나라 특유의 상황으로 어쩔 수 없이 만들어진 공간이기는 하지만 온갖 생명들의 해방구였던 장항습지가 지금

은 큰 갈림길에 놓여 있다. 한강하구는 우리나라에서 큰 강 하구 가운데 하구 둑에 막히지 않고 원래 모습을 유지하는 마지막 남은 자연 하구이지만, 한강하구에서 가장 먼저 개발의 손길이 닿은 기수 상부 지역에 놓인 장항습지에는 변화의 바람이 거세게 불고 있기 때문이다. 겨울이면 재두루미가 찾아와 둥지를 틀고 먹이를 찾던 김포 쪽 농경지가 개발되고, 신도시와 도로가 건설되면서 새들의 서식지가 나뉘고 축소되어 가고 있다. 또 물막이 보를 하류 쪽으로 이동하고 물을 채우면서 하구의 갯벌은 모두 물에 잠길 위기에 놓

여 있다. 장항습지 위쪽에 건설되고 있는 경인운하는 물을 가두어 두기 때문에 수질이 오염될 위험이 높으며, 소금기 많은 물이 장항습지 위까지 유입되어 급작스런 염분 변화로 회유하는 물고기나 저서생물이 길을 잃는 등 수생 생태계에 변화를 일으킬 수도 있다.

하루가 다르게 변해가는 환경과 높은 개발 압력 속에서도 장항습지를 삶의 터전으로 삼아 대대로 이곳에 살아온 행주 어촌계 어부들이 그나마 이 지역의 환경지킴이 노릇을 하고 있다. 조상 때부터 자연을 거스르지 않고 현명하게 하

구의 특성을 이용한, 장항습지 특유의 어업 방식을 복원하려는 노력들은 작으나마 하구 습지를 풍요롭게 만들 것이다. 또한 습지에 대한 어민들의 인식이 점차 높아지고, 습지를 보전하기 위한 활동도 활발하게 펼치고 있어서 여간 다행스러운 일이 아니다. 사람들의 인식은 쉽게 변하지 않으며 변화의 속도도 매우 느리지만 이런 변화가 일어나고 있다는 사실만으로도 의미는 크다.

한강하구의 습지 보호는 실제로 그곳에 삶을 기대고 있는 이해 당사자인 어부들로부터 시작해서 점차 많은 시민들의 자발적인 참여로 이어져야 할 것이다. 다행히 장항습지를 비롯한 한강하구는 현재 습지보호지역으로 지정되어 국가의 보호를 받고 있다. 나아가 국제적으로도 그 중요성에 관심이 모아지고 있어, 전 세계의 주요 습지를 보호하는 협약인 '람사르협약' 습지로 등록하기 위한 움직임이 활발하다. 앞으로 더욱더 많은 사람들의 관심과 진심 어린 참여를 통해 장항습지를 포함한 한강하구를 모두가 함께 지키고 현명하게 이용하는 지혜를 찾아가야 할 것이다.

■사진에 도움을 주신 분

권찬수(PGAI), 장항습지의 가을 27쪽, 개리 100쪽, 큰기러기 101쪽, 황
조롱이 102쪽.

김길홍(PGAI), 한강하구 갯벌·장항습지 줄군락 26쪽, 한강하구 가
을·장항습지 겨울 고라니 27쪽.

김연수(문화일보), 재두루미 98쪽.

한국민속전통견지협회, 마포나루·용산진·난지도의 낚거루·나룻배
39쪽, 낚거루 40쪽, 뭉칫대 41쪽.

Asaza foundation, 가스미가우라 호 뱀장어와 홍보 팸플릿 52쪽.

■참고문헌

국립수산진흥원. 1994. 한국연근해유용어류도감.

김용억, 명정구, 김영섭, 한경호, 강충배, 김진구, 류정화. 2001. 한국
해산어류도감. 도서출판 한글.

김포시. 2009. 신곡수중보 이설 타당성 조사보고서. 5-34~5-61ɔp.

명정구. 2007. 우리바다어류도감. 예조원.

박경. 2004. 서울 한강 주변의 사라진 지형들. 한강과 사람들 2004 3/4.
p30.

손용호, 김우숙, 김리태 외. 2001. 한국어류도감. 여강출판사.

오용자. 2000. 한국산 사초과 식물. 성신여자대학교 출판부.

유정칠, 이완옥. 2001. 한강에서 만나는 새와 물고기. 지성사.

이영노. 1996. 한국식물도감. 지학사, p.144~145.

이우신, 김수일. 2003. 쉽게 찾는 우리새 _강과 바다의 새. 현암사.

이정호, 한동욱, 이은주, 박종욱. 2006. 미기록 귀화식물 긴포꽃질경

이(신칭) *Plantago aristata*(질경이과). 식물분류학회지 Vol.35, No.2

이창복. 1999. 대한식물도감(상). 향문사, p.288~289.

정종덕. 2010. 한국산 고랭이속(사초과)의 계통분류학적 연구. 아주대학교 대학원 박사학위논문. 71~83p.

최기철. 1992. 민물고기. 대원사.

최홍근. 2000. 수생관속식물. 생명공학연구소, p.164~170.

한강유역환경청. 2009. 한강하구 습지보호지역 모니터링 결과보고서. 13~205pp. 11-1480347-000024-01

한강유역환경청. 2008. 한강하구 생태계의 효율적 보전방안 수립연구. 323~339pp. 11-1480347-000014-01

한강유역환경청. 2007. 한강하구 습지보전계획수립 연구. 17~61pp. 11-1480347-000008-13

한국동물분류학회. 1997. 한국동물명집. 아카데미서적.

한동욱, 김선이, 오소연, 조인수, 한슬기, 유영한. 2010. 한강하구 장항습지내 새섬매자기(*Bolboschoenus planiculmis*)군락 복원연구. 한국복원생태학회.

한동욱, 오소연, 김선이, 황선도. 2010. 황해바닷길의 시작, 한강하구! 장항습지와 어부들. PGAI. 24~33pp.

한동욱, 유재원, 유영한, 이은주, 박상규. 2010. 한강하구 장항습지의 선버들(*Salix nipponica*)의 지상부 1차생산성과 말뚱게(*Sesarma dehaani*)의 2차 생산성. 한국하천호소학회지 Vol.43, No.2. p304.

한동욱(공저). 2009. 한강의 섬. 도서출판 마티.

A Classification of the Biogeographical Province of the World. 1975. Udvardy.

■인터넷 사이트

국가생물종지식정보시스템, www.nature.go.kr
국토지리정보원, www.ngii.go.kr
산림청. 국가표준식물목록, http://www.nature.go.kr/kpni
한국견지낚시협회, www.gyeonji.net
한국민속전통견지협회, www.ktga.or.kr